# TRAITÉ

# DE BOTANIQUE.

# TRAITÉ DE BOTANIQUE

## DIVISÉ EN TROIS PARTIES

COMPRENANT :

1° L'ANATOMIE ET LA PHYSIOLOGIE VÉGÉTALES ;

2° LA CLASSIFICATION DES VÉGÉTAUX

*SELON LA MÉTHODE DE JUSSIEU ;*

3° L'HERBORISATION,

Avec l'indication des plantes médicinales les plus usuelles, de leurs différentes propriétés et de leur emploi particulier.

**DEUXIÈME ÉDITION,**

AUGMENTÉE D'UN VOCABULAIRE FRANÇAIS - LATIN
DES PRINCIPAUX TERMES DE BOTANIQUE,
D'UN INDEX ALPHABÉTIQUE DE TOUS LES NOMS DE PLANTES
CITÉS DANS L'OUVRAGE ;

*RENFERMANT EN OUTRE*

**Vingt-sept Planches et trois Tableaux**

Pour servir de développement au texte.

PARIS,

IMPRIMERIE DE GERDÈS,

RUE BONAPARTE, 42.

1853.

# AVERTISSEMENT.

Ce petit volume n'est qu'un extrait méthodique
des ouvrages élémentaires les plus connus. Il contient de simples notions d'où l'on a tâché de faire
disparaître les difficultés de la science, et que l'on
a recueillies pour être appropriées à une école particulière de botanique, qui réunit un grand nombre des exemples indiqués dans le texte. L'expérience a prouvé combien ce moyen facile de faire
l'application naturelle de leurs premières connais-
sances, contribue à faire naître l'intérêt des élèves,
et à développer leur zèle pour l'étude.

Cet abrégé sera divisé en trois parties. La première renfermera quelques éléments d'anatomie et
de physiologie végétales. La deuxième présentera
un exposé succinct de classification, selon la mé-

thode de Jussieu, que nous avons adoptée, avec de légères modifications fondées sur des observations modernes. Dans la troisième, qui ne doit être considérée que comme complément des deux autres, on trouvera quelques notes sur la manière d'herboriser et sur les moyens d'utiliser, en faveur des pauvres habitants de la campagne, plusieurs plantes médicinales, dont l'emploi, très-simple, ne peut jamais devenir dangereux. Enfin, pour faciliter l'intelligence de certains termes techniques, et de ceux qui ne conservent pas en botanique l'acception qu'ils ont dans le langage ordinaire, on a cru devoir terminer ce petit ouvrage par une courte explication étymologique des mots dont la connaissance a semblé particulièrement utile aux élèves.

# EXPLICATION DES PLANCHES (1).

### Pl. I [page 6], **Anatomie végétale.**

Fig. 1, Tissu cellulaire.
2, Coupe transversale du même tissu.
3, Tissu fibreux.
4, Vaisseaux moniliformes ou en chapelet.
5, Vaisseaux ponctués ou poreux.

Fig. 6, Vaisseaux rayés.
7, Vaisseaux annulaires.
8, Trachée à spirale simple.
9, Trachée à spirale double.
10, Vaisseaux propres ou lacticifères.
11, Epiderme.
12, Stomate.

### Pl. II [p. 10], **Racines.**

Fig. 1, CLUSIER OU FIGUIER MAUDIT. Racine aérienne.
2, RADIS ROSE. R. pivotante. C *collet.* Cr *corps.* Ch *chevelu.*
3, FROMENT. R. fibreuse.

Fig. 4, AVOINE EN CHAPELET. R. noueuse.
5, ORCHIS. R. tuberculeuse
6, ASPHODÈLE. R. fasciculée.
7, SAXIFRAGE GRANULÉE. R. grenue
8, OIGNON. R. bulbeuse.

### Pl. III [p. 15], **Tiges et Hampe.**

Fig. 1, CHÊNE. Tronc.
2, PALMIER. Stipe.
3, FROMENT. Chaume.

Fig. 4, MOURON DES CHAMPS. Tige proprement dite.
5, IRIS. Souche.
6, BANANIER FIGUE. Hampe.

### Pl. IV [p. 18], **Parties du tronc, Stipe, Bourgeons.**

-Fig. 1, COUPE D'UN TRONC. M *moelle.* E m *étui médullaire.* R m *rayon médullaire.* B *bois.* A *aubier.* L *liber.* E h *enveloppe herbacé.* E s *enveloppe subéreuse.* E *épiderme.*

Fig. 2, PALMIER. Coupe du stipe.
3, POIRIER. Bourgeon.
4, LIS BULBIFÈRE. Bulbilles.
5, ASPERGE. Turion.
6, LIS. Bulbe.

(1) Le chiffre qui se trouve à la suite du numéro des planches indique la page en regard de laquelle chacune est placée.

*u.*

## Pl. V [p. 30], Feuilles.

Fig. 1, TILLEUL feuille. L *limbe*. N *nervures*. Pr *paren-chyme*. S s *surface supé-rieure*. S i *surface infé-rieure*. B *base*. S *som-met*. C *circonférence*. P *pé-tiole*.

2, PLAQUEMINIER, Feuille pé-tiolée, penninerve, en-tière.

3, EPURGE. F. sessiles.

4, IRIS FLAMBE. F. engaînante, monocotylédonée.

5, BANANIER. F. monocotylé-donée.

Fig. 6, RICIN. F. palminerve, den-tée, divisée.

7, PASSIFLORE GLAUQUE. F tri-lobée, dentée.

8, MARRONNIER D'INDE. F. di-gitée ou palmée.

9, ACACIA. F. pennée avec impaire.

10, FÉVIER DE CHINE. F. pen-née sans impaire.

11, MIMOSA. F. bipennée

12, ARALIE ÉPINEUSE. F. tri-pennée.

13, CAUCALIDE. F. décompo-sée.

## Pl. VI [p. 36], Insertion des feuilles, Bractées, Stipules, Épines, Aiguillons, Vrilles.

Fig. 1, PLANÈRE A FEUILLES CRE-NELÉES. Feuilles alternes, distiques.

2, FILARIA A FEUILLES ÉTROI-TES. F. opposées, croi-sées.

3, CAILLELAIT GRATTERON. F. verticillées.

4. PAVOT BLANC. F. embras-sante ou amplexicaule.

5, FROMENT. F. engaînante.

6, BUPLÈVRE A FEUILLES RON-DES. F. perfoliée.

Fig. 7, CHÈVRE-FEUILLE. F. connées.

8, PANAIS. F. radicales.

9, RADIS. F. séminales.

10, SAUGE SCLARÉE. Bractée foliacée.

11, ASTRANCE MULTIFLORE. In-volucre.

12, CHÊNE. Cupule.

13, GESSE A LARGES FEUILLES. Stipules caulinaires.

14, ACACIA. Epines.

15, ROSIER. Aiguillons.

16, VIGNE. Vrilles.

## Pl. VII [p. 39], Organes et modifications de la fleur.

Fig. 1, LIS BLANC. Pistil. O *ovaire* supère. S *Style*. St *stig-mate trilobé*.

2. LIS BLANC. Etamines. F *fi-let*. A *anthère*.

Fig. 3, SOLANUM A GROSSES ANTHÈ-RES. Anthère bilobée laissant échapper le pol-len par deux ouvertures terminales. P *pollen*.

Fig. 4, **Campanule gantelée**. Corolle monopétale. T *tube*.
G *gorge*. L *limbe*.

5, **Œillet des sables**. Calice
monosépale.

6. **Renoncule acre**. Corolle
polypétale. Pt *pétale*.
L *lame*. O *onglet*. P *pistil*. E *étamines*. S *sépale
du calice*.

7, **Chataignier commun**. Fleur
mâle.

Fig. 8, **Filao a quatre valves**.
Fleur femelle.

9, **Viorne obier**. Fleur neutre.

10, **Éphémérine de Virginie**.
Fleur simple, herma-
phrodite.

11, **Nénuphar blanc**. Fleur
double.

12, **Rosier pompon**. Fleur pleine.

13, **Nectaires** sur un pistil de
radis.

## Pl. VIII [p. 43], Corolles.

Fig. 1, **Bleuet**. Fleur centrale.
Corolle tuberculeuse.

2, **Liseron**. Cor. infundibuliforme.

3, **Pervenche**. Cor. hypocratériforme.

4, **Campanule**. Cor. campanulée.

5, **Bruyère cendrée**. Cor. urcéolée.

6, **Mouron**. Cor. rotacée.

Fig. 7, **Lamier**. Cor. labiée.

8, **Muflier**. Cor. personnée.

9, **Chrysanthème**. Cor. ligulée.

10, **Digitale**. Cor. digitaliforme.

11, **Chélidoine**. Cor. cruciforme.

12, **Fraisier**. Cor. rosacée.

13, **Lychnis**. Cor. caryophyllée.

14, **Pois**. Cor. papilionacée.

## Pl. IX [p. 45], Inflorescence.

Fig. 1, **Myosotis des champs**. Epi
monoaxifère, multiflore.

2, **Bouleau noir**. Chatons mo-
noaxifères, multiflores.

3, **Pin**. Cône ou strobile conique, composé de car-
pelles ligneux.

4, **Arum maculé**. Spadice monoaxifère, S *spathe*, Sp
*spadice*.

Fig. 5, **Œillet a fleurs en tête**.
Faisceau monoaxifère.

6, **Groseillier a grappes**.
Grappe monoaxifère mul-
tiflore.

7, **Monarde écarlate**. Verticille triaxifère.

8, **Lilas commun**. Thyrse multiaxifère.

## Pl. X [p. 47], Inflorescence.

Fig. 1, **Roseau a quenouille**. Panicule multiaxifère.

Fig. 2, **Millefeuille**. Corymbe
multiaxifère, composé.

Fig. 3, Sureau noir. Cyme multiaxifère.
4, Cerisier. Ombelle simple.
5, Anet fenouil. Ombelle
composée.

Fig. 6, Céphalante d'Occident.
Capitule monoaxifère ,
multiflore.

## Pl. XI [p. 48], Fruits.

Fig. 1, Pomme d'apis. Mélonide,
*coupe verticale. E épi-
carpe. M mésocarpe. G
graine. En endocarpe.*
2, Gesse a larges feuilles.
Gousse.
3, Giroflée jaune. Silique.
4, Thlaspi. Silicule.
5, Ancolie. Follicule.

Fig. 6, Gentiane. Capsule.
7, Coquelicot. Capsule.
8, Mouron. Pyxide ou boîte
à savonnette.
9, Sarrasin. Cariopse.
10, Renoncule. Akène.
11, Erable a sucre. Samare.
12, Chêne. Gland.

## Pl. XII [p. 51], Fruits, Graines, Germination.

Fig. 1, Vigne. Baie. Péricarpe régulier, indéhiscent.
2, Pêcher. Drupe, *coupe verticale.* Péricarpe uniloculaire. Loge monosperme.
3, Amandier. Noix, *fruit ouvert,* dont on a enlevé les
téguments pour laisser
voir l'amande.
4, Courge pépon. Péponide,
*coupe transversale.* Péricarpe régulier, indéhis-
cent, polysperme.
5, Néflier. Fruit à osselets
ou nucules. Péricarpes
réguliers, osseux, verti-
cillés.
6, Murier. Sorose. Péricarpes
uniloculaires, monosper-
mes, disposés autour d'un
axe commun.
7, Éclaire. Ovule. H *hile.* C
*chalaze. F funicule. R
raphé. N nucelle. Ti tégu-*

*ment interne. Te tégument
externe.*
Fig. 8, Sterculia balanghas.
Graine. F *funicule.* Ch
*chalaze et hile confondus.
T téguments de la graine.*
En *endosperme ,* dont on
n'aperçoit que le sommet.
C *cotylédon.* L'autre a été
enlevé, afin de laisser
voir le germe. G *gemmule.*
R *radicule.* P *péricarpe.*
9, Pois. Cotylédons ouverts.
CC *feuilles cotylédonaires.*
R *radicule.* T *tigelle.* G
*gemmule.*
10, Haricot en germination.
11, Le même, dont on a enlevé
un des cotylédons pour
laisser voir la plantule.
12, Le même , dont les deux
cotylédons ont été déta-
chés. R *radicule.* T *tigelle.*
G *gemmule.*

Fig. 13, Le même. Graine dont la germination est plus a-vancée.
14, Maïs en germination. R *radicule*. T *tigelle*. C *cotylédon*. G *gemmule*.

Fig. 15, Haricot. Plantule. R *radicule*. T *tigelle*. CC *cotylédons*. G *gemmule*.
16, Pin. Plantule. T *tigelle*. C *cotylédons*.

## Pl. XIII [p. 76], 1re classe, Acotylédonie.

Fig. 1, Varec (*Fucus serratus*), bout de fronde chargé de conceptacles ou cavités disséminées sur la surface.
2, Coupe verticale d'un Conceptacle, dont on voit la surface intérieure couverte de spores. S *spore*. O *ostiole*, ouverture par laquelle le conceptacle communique avec l'extérieur.
3, Ulve intestinale (*Ulva intestinalis*).

Fig. 4, Agarics comestibles développés à divers degrés. CC *chapeau*. P *pédicule*. V *volva*. H *hymenium*. A *anneau*.
5, Lichen pyxide (*Scyphophorus pyxidatus*).
6, Apothécion coupé.
7, Polypode commun (*Polypodium vulgare*).
8, Portion de Fronde portant des sores.
9, Capsule ouverte. S *sporule*.

## Pl. XIV [p. 82], 2e classe, Monohypogynie.

Fig. 1, Froment cultivé (*Triticum sativum*).
2, Feuille engaînante.
3, Fleur de graminée. B *balle*. G *glume*.
4. Fleur de graminée privée de ses téguments, pour faire voir les étamines hypogynes.

Fig. 5, Graminée en germination.
6, Canne a sucre (*Saccharum officinarum*).

## Pl. XV [p. 88], 3e classe, Monopérigynie.

Fig. 1, Cocotier des Indes (*Cocos nucifera*).
2, Racine fibreuse du cocotier.
3, Fruit. *Coupe verticale*.
4, Lis blanc (*Lilium candidum*).

Fig. 5, Fleur du lis dépouillée de son périanthe, pour montrer les étamines périgynes.
6, Racine bulbeuse du lis.

## Pl. XVI [p. 94], 4ᵉ classe, Monoépigynie.

Fig. 1, PERCE-NEIGE (*Galanthus nivalis*).
2, Fleur en bouton.
3, Etamines épigynes.
4, Pistil simple.

Fig. 5, Coupe du fruit.
6, Graine en germination.
7, BANANIER A GROS FRUITS (*Musa paradisiaca*).

## Pl. XVII [p. 101], 5ᵉ classe, Épistaminie.

Fig. 1, ARISTOLOCHE SIPHON (*Aristolochia sipho*).
2, Coupe de la fleur.
3, Pistil et étamines.

Fig. 4, Tranche du fruit.
5, Coupe longitudinale de la graine.

## Pl. XVIII [p. 103], 6ᵉ classe, Péristaminie.

Fig. 1, LAURIER ORDINAIRE (*Laurus nobilis*).
2, Fleur femelle.
3, Etamine isolée.

Fig. 4, Fleur mâle.
5, Fruit dont on a enlevé une partie du péricarpe.

## Pl. XIX [p. 107], 7ᵉ classe, Hypostaminie.

Fig. 1, AMARANTE SANGUINE (*Amarantus sanguineus*).
2, Fleur mâle avec feuilles rudimentaires.
3, Fleur femelle avec feuilles rudimentaires, faisant fonction de calice.

Fig. 4, Partie supérieure d'une étamine.
5, Fruit capsulaire, uniloculaire, monosperme, s'ouvrant transversalement.

## Pl. XX [p. 110], 8ᵉ classe, Hypocorollie.

Fig. 1, LISERON DES CHAMPS (*Convolvulus arvensis*).
2, Calice coupé pour faire voir le pistil.
3, Corolle ouverte, à la base de laquelle on distingue l'insertion des cinq étamines inégales.
Fig. 4, Fruit accompagné du calice persistant.

## Pl. XXI [p. 122], 9ᵉ classe, Péricorollie.

Fig. 1, BRUYÈRE ARDENTE (*Erica ardens*).
2, Fleur entière.

Fig. 3, La même, dont on a enlevé la corolle et le sépale antérieur.

Fig. 4, Etamine vue de profil.
5, Anthère vue par sa face interne.
6, Pistil entier.

Fig. 7, Coupe longitudinale de l'ovaire.
8, Tranche de l'ovaire.

**Pl. XXII** [p. 126], **10ᵉ classe**, **Épicorollie synanthérie.**

Fig. 1, Séneçon élégant (*Senecio elegans*).
2, Calice.
3, Demi-fleuron de la circonférence.

Fig. 4, Fleur du centre.
5, Graine surmontée d'une aigrette.
6, Réceptacle et calice.

**Pl. XXIII** [p. 131], **11ᵉ classe, Épicorollie corysanthérie.**

Fig. 1, Chèvre-feuille des jardins (*Lonicera caprifolium*).
2, Pistil et corolle ouverte, dans laquelle on voit l'insertion des cinq étamines.

Fig. 3, Tête de fruit.
4, Fruit isolé, coupé horizontalement, afin de faire voir les quatre graines qui se trouvent au milieu de sa pulpe.
5, Graine.

**Pl. XXIV** [p. 135], **12ᵉ classe, Épipétalie.**

Fig. 1, Didisque bleu (*Didiscus cœruleus*).
2, Fleur grossie, dont on a enlevé les deux pétales antérieurs.
3, Anthère vue de côté.

Fig. 4, Styles et stigmates grossis pour montrer que ceux-ci sont lisses.
5, Tête du fruit.
6, Fruit non entièrement mûr.
7, Graine.

**Pl. XXV** [p. 138], **13ᵉ classe, Hypopétalie.**

Fig. 1, Oxalide des bois (*Oxalis acetosella*).
2, Calice.
3, Bouton privé de ses enveloppes.
4, Pétale isolé.
5, Etamine.
6, Pistil.
7, Jeune fruit coupé horizon

talement pour montrer les cinq loges.
Fig. 8, Graine à maturité s'échappant de son arille. **A** *arille.*
9, Coupe de la graine.
10, Cotylédons sortis de la graine.

## Pl. XXVI [p. 151], 14e classe, Péripétalie.

Fig. 1, Gesse odorante (*Lathyrus odoratus*).

2, Fleur dont on a enlevé la corolle.

3, Corolle irrégulière, à pétales, les uns libres, les autres soudés. E *étendard*. AA *ailes*. C *carène* composée de deux plus petits pétales soudés.

4, Pistil et étamines, dont une est libre et les autres soudées par la partie i[n]férieure de leurs filets.

Fig. 5, Péricarpe légumineux, p[o]lysperme, bivalve, [au]quel on a enlevé la moit[ié] supérieure de l'une d[es] valves, pour montrer [les] graines. P *péricarpe*. [G] *graine*.

6, Graine en germination d[é]gagée de toutes ses env[e]loppes.

## Pl. XXVII [p. 170], 15 classe, Diclinie.

Fig. 1, Figuier commun (*Ficus communis*).

2, Coupe longitudinale du réceptacle ou involucre pyriforme nommé *figue*.

Fig. 3, Fleur mâle.

4, Fleur femelle.

5, Fruit isolé.

6, Le même, coupé dans [la] longueur.

# BOTANIQUE.

## PREMIÈRE PARTIE.

### ANATOMIE ET PHYSIOLOGIE VÉGÉTALES.

---

### SECTION I.

DÉFINITION GÉNÉRALE DE LA BOTANIQUE. — CE QU'ON
ENTEND PAR ANATOMIE ET PHYSIOLOGIE VÉGÉTALES.
— CARACTÈRES GÉNÉRAUX DES PLANTES.

#### 1° Définition générale de la Botanique.

La BOTANIQUE est la partie de l'histoire naturelle qui
traite de ce qui concerne les végétaux. Cette science a
pour objet la connaissance, la description, la classification des plantes ; elle nous enseigne par principes leur
organisation, leurs fonctions, et nous en fait rechercher
les propriétés applicables à nos besoins.

Les plantes, sans parler des agréments qu'elles nous
procurent, sont d'une utilité presque universelle : l'agriculture les fait servir à la nourriture de l'homme et des
animaux (*Botanique agricole*) ; la médecine y trouve des
remèdes efficaces sans être dispendieux (*Botanique mé-*

1

*dicale*); enfin les arts y puisent les principaux matériaux de leurs œuvres (*Botanique industrielle*). Cette division de la Botanique *agricole*, *médicale*, *industrielle*, indique la part spéciale que chacun doit prendre à cette science, qui présente aujourd'hui un intérêt général. En effet, il n'est aucune étude qui soit plus agréable à l'esprit par les faits curieux qu'elle met à même d'observer, et plus douce pour le cœur, puisqu'elle nous porte naturellement à admirer la sagesse de Dieu et à bénir sa providence, qui, dans toute la création, se montre si remplie de sollicitude pour les besoins de l'homme et même pour ses plaisirs.

## 2° Anatomie et Physiologie végétales.

L'ANATOMIE VÉGÉTALE est la science qui nous apprend à connaître la forme, la structure et la position des organes des plantes. La PHYSIOLOGIE VÉGÉTALE est celle qui nous découvre les phénomènes que présente chacun de ces organes en exécutant ses différentes fonctions. L'une de ces études nous révèle les lois de l'organisation des plantes, l'autre, celles de la vie végétale (1).

La structure des végétaux est généralement fort simple, et les fonctions de leurs organes se trouvent en rapport avec cette simplicité de structure; aussi l'application de l'anatomie et de la physiologie au règne végétal est beaucoup moins étendue que lorsque ces sciences ont pour objet l'organisation des animaux.

(1) Les caractères plus petits indiquent des passages moins importants ou plus difficiles que les autres. Il suffira aux élèves de les lire attentivement.

L'Anatomie végétale ne s'occupe que de l'étude des tissus élémentaires qui composent les organes des plantes, et la Physiologie végétale se borne à la considération des fonctions vitales ou végétatives, et à l'examen des faits dont le concours produit la fructification et, par suite, la conservation de la vie végétale. Quant aux fonctions de relation, destinées à mettre l'individu en rapport avec les êtres qui l'environnent, elles sont réservées aux animaux, qui seuls, à l'exclusion des plantes, possèdent les organes de la sensibilité et de la locomotion.

L'Anatomie et la Physiologie végétales sont des sciences modernes, dont les anciens n'avaient aucune connaissance, et dont les premières expériences ne remontent pas au delà du xvi<sup>e</sup> siècle. Pour en faire l'application aux éléments anatomiques des végétaux, il est nécessaire d'avoir recours au microscope, instrument sans lequel on ne pourrait connaître la structure de ces organes, si fins et si délicats qu'il est impossible à la simple vue de les pénétrer.

### 3° Caractères généraux des plantes.

*Leurs éléments chimiques. — Leurs organes particuliers.*

Les végétaux sont des corps ordinairement composés de racines, de tiges, de branches et de feuilles, et destinés à produire des fleurs et des fruits. Ce sont des êtres doués d'organisation et de vie, mais qui n'ont pas, comme les animaux, la faculté de sentir et de se mouvoir à leur gré. Quelquefois, il est difficile de faire une application rigoureuse de cette distinction, parce que, dans les animaux, les caractères de sensibilité et de motilité s'effacent insensiblement, en sorte que vers les extrémités, les deux séries semblent se confondre, et qu'on ne peut décider auquel des deux règnes appartient tel ou tel corps.

Un autre caractère distinctif entre les animaux et les végétaux est l'*estomac*, cavité intérieure, qui n'existe nullement dans les plantes : elles puisent leur nourriture

dans les fluides qui les baignent, et qui sont immédiatement charriés par de longs tubes dans les différentes
parties du végétal qu'ils alimentent, sans avoir été éla-
borés et séparés des matières surabondantes dans une
cavité particulière, comme la nourriture des animaux.

Les animaux et les végétaux sont formés des mêmes
éléments chimiques : l'*oxygène*, l'*hydrogène*, le *carbone*
et l'*azote*; mais dans les premiers, c'est l'azote qui pré-
domine, et c'est le carbone dans les seconds. Cela tient
à ce que les rapports avec l'atmosphère, ou les effets de
la respiration, sont inverses chez les animaux et dans
les plantes ; par cette opération, celles-ci gagnent du
carbone, tandis que les animaux en perdent. Enfin, une
dernière différence, non moins importante que les précédentes, c'est que les animaux doivent avoir des nerfs
et des muscles, pour sentir et pour se mouvoir; les végétaux sont dépourvus de ces deux sortes d'organes élémentaires.

Les végétaux ont quatre sortes d'organes particuliers :
1° Les organes ÉLÉMENTAIRES OU PRIMITIFS, dont
les parties ne sont susceptibles d'aucune division, et
dont les tissus se retrouvent toujours semblables à eux-
mêmes dans les différents végétaux, dont ils paraissent
être les éléments : on comprend sous le nom d'organes
élémentaires ce qu'on appelle CELLULES, FIBRES et
VAISSEAUX.

2° Les organes FONDAMENTAUX, ou organes de la
NUTRITION, qui constituent en quelque sorte le végétal dans ses formes extérieures, et dont les appareils sont
disposés de la manière la plus propre à remplir les
fonctions auxquelles ils sont destinés, celles de la nutri-

tion des plantes. Ces organes sont la RACINE, la TIGE et les FEUILLES.

3° Les organes REPRODUCTBURS, dont l'objet est la reproduction des végétaux, et qui forment l'ensemble des parties qui composent la fleur; ils ne semblent être, selon l'opinion des botanistes, que des modifications de la feuille, comme les branches et rameaux ne sont que des transformations de la tige. La FLEUR, le FRUIT, la GRAINE sont les organes de la reproduction.

4° Les organes ACCESSOIRES, qui ne sont pas absolument nécessaires à la vie du végétal, et qui se forment d'organes fondamentaux et reproducteurs dont les développements n'ont pu avoir lieu selon leur nature ordinaire : tels sont les BOURGEONS, les STIPULES, les ÉPINES, les AIGUILLONS, les VRILLES, les NECTAIRES, FILETS, etc. Ces derniers organes, n'étant que des parties accessoires et des productions accidentelles, ne seront point réunis dans une section à part : on les trouvera ordinairement associés aux organes dont ils sont une transformation.

## SECTION II.

### ORGANES ÉLÉMENTAIRES OU PRIMITIFS.

CELLULES. — FIBRES. — VAISSEAUX.

#### 1° Cellules.

*Ce qu'on entend par cellules. — Tissu cellulaire. — Partie des plantes où il est abondant. — Formes des cellules. — Ce qu'elles contiennent.*

Les CELLULES ou UTRICULES sont des vésicules membraneuses, à parois transparentes, closes de toutes parts, soudées les unes avec les autres, et formées par une substance appelée CELLULOSE. Placées dans des circonstances convenables, elles sont susceptibles de reproduire à leur surface d'autres cellules qui, se propageant de même, forment bientôt une masse à laquelle on a donné le nom de TISSU CELLULAIRE (pl. I, fig. 1 et 2). La mousse du savon, l'écume de la bière et les alvéoles des abeilles peuvent donner une idée de ce tissu.

Le tissu cellulaire existe dans toutes les parties des plantes sans distinction ; mais il est surtout abondant dans celles qui sont tendres : ainsi les feuilles, les fruits charnus, les racines, les herbes, les jeunes pousses et surtout la moelle des végétaux en contiennent abon-damment. Pour l'observer, il suffit de couper en travers une de ces parties, de la réduire en une lame mince et transparente, et de l'examiner attentivement à la loupe ou au microscope. Les végétaux les plus simplement organisés, comme le *Champignon*, ne sont formés que de cellules.

Ces vésicules, qui communiquent entre elles par de petits pores invisibles, ont des formes très-variables : elles sont rondes, ou oblongues, ou polyédriques, et plus ou moins aplaties, par suite de leur multiplication et des pressions qu'elles exercent mutuellement. On appelle MÉATS ou LACUNES les espaces vides qu'elles laissent souvent entre elles. Toutes sont remplies d'un liquide qu'on nomme SÈVE, ou de quelques autres substances, telles que des huiles grasses ou volatiles ; elles contiennent aussi de l'air, et même des matières solides, dont la couleur nuance la partie du végétal d'où elles proviennent.

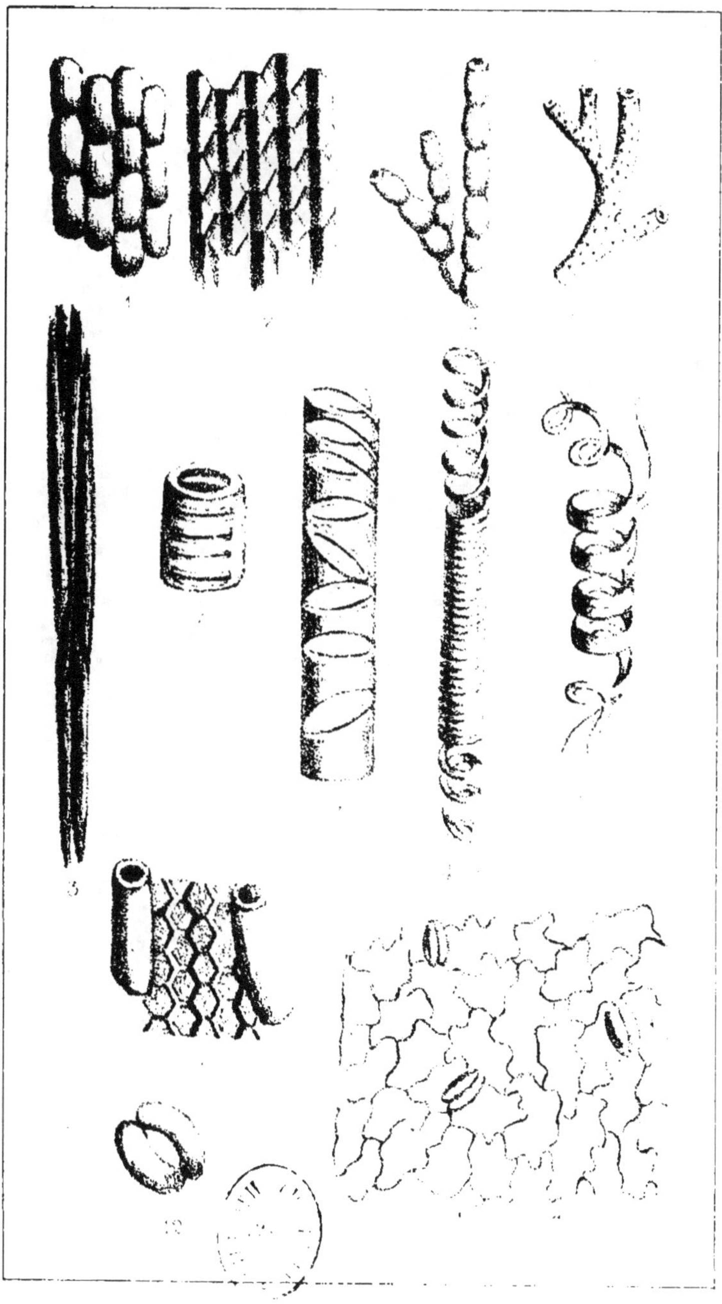

## 2° Fibres.

*Ce qu'on appelle fibres. — Tissu fibreux. — Sa fonction.*
*— Disposition des fibres.*

Si l'on coupe verticalement une partie de plante, on
y remarque toujours des cavités tubuleuses et des filets
plus ou moins opaques : ces filets opaques ont reçu le
nom de FIBRES. Les fibres, formées de cellules allongées, comprimées et terminées en pointe, constituent par
leur réunion le TISSU FIBREUX (pl. I, fig. 3), qui ac-
compagne ordinairement les vaisseaux. Il paraît destiné
à donner plus de solidité aux organes de la plante, et
contribue, avec les vaisseaux, à diriger la marche des
fluides de bas en haut. On le trouve dans le bois, dans
l'écorce, dans les nervures ou veines des feuilles. Dans
ce tissu, les fibres sont groupées parallèlement, de manière à être comme entralecées les unes dans les autres,
chaque cellule tenant par une portion plus ou moins
grande de sa longueur avec celles qui la précèdent et
celles qui la suivent. Cette disposition longitudinale des
fibres est ce qui fait que les tiges sont beaucoup plus
faciles à fendre dans le sens vertical que dans le sens
transversal.

## 3° Vaisseaux.

*Ce qu'on entend par vaisseaux. — Leur division. —*
*Vaisseaux en chapelets, — Ponctués, — Rayés, —*
*Annulaires. — Trachées. — Vaisseaux propres. —*
*Parenchyme. — Épiderme.*

Les VAISSEAUX sont de longs tubes non cloisonnés
transversalement, le plus souvent épars au milieu du

tissu cellulaire, et parfois réunis en petits faisceaux. Leurs fonctions et leurs diverses configurations les ont fait diviser en plusieurs espèces :

1° VAISSEAUX EN CHAPELETS OU MONILIFORMES (pl. I, fig. 4), tubes cylindriques, étranglés de distance en distance, et percés d'un grand nombre de pores. On présume qu'ils sont destinés à transporter les liquides dans les diverses parties des végétaux.

2° VAISSEAUX PONCTUÉS OU POREUX (pl. I, fig. 5), tubes continus, dont les parois sont couvertes des points opaques, et que l'on observe surtout dans le bois.

3° VAISSEAUX RAYÉS et ANNULAIRES (pl. I, fig. 6 et 7), qui offrent l'apparence de raies ou d'anneaux, dont la direction est horizontale et quelquefois oblique. On les appelle aussi FAUSSES TRACHÉES, par opposition aux trachées déroulables ou vraies.

4° TRACHÉES (pl. I, fig. 8), vaisseaux dont les parois sont formées par une lame brillante et roulée en spirale, comme les laitons des élastiques. La lame d'une trachée peut se diviser de manière à former des spirales doubles, triples, quadruples, etc. (pl. I, fig. 9).

5° VAISSEAUX PROPRES OU LACTICIFÉRES (pl. I. fig. 10), tubes membraneux, dans lesquels circule le LATEX ou suc propre de chaque végétal. Ils sont cylindriques, se ramifient entre eux, et paraissent avoir des parois d'une épaisseur uniforme, qui ne présentent jamais ni points, ni lignes, ni raies, ni anneaux. Leur canal est rempli d'une liqueur particulière à chaque espèce de plantes ; ce liquide est jaune dans la *Chélidoine*, rouge dans la *Betterave*, laiteux dans les *Euphorbes*, résineux dans les *Pins*, etc.

Toute partie d'un végétal qui est molle, succulente et composée presque uniquement de cellules arrondies, porte le nom de PARENCHYME ; ce parenchyme entre avec les fibres dans la composition de la masse interne des végétaux, laquelle est recouverte par l'EPIDERME (pl. I, fig. 11), sorte de membrane mince et transparente, qui s'étend sur toutes les parties des plantes, au moins dans le jeune âge. On aperçoit à la surface de l'épiderme de petits points appelés STOMATES (pl. I, fig. 12), qui semblent, à la loupe, autant de petites bouches, que l'on croit être des organes de respiration.

## SECTION III.

### ORGANES FONDAMENTAUX.

### RACINE. — TIGE. — FEUILLES.

#### 1° Racine.

*Ce que c'est que la racine ; — ses fonctions, — ses parties. — Racines pivotantes, fusiformes, fibreuses, noueuses, tuberculeuses, fasciculées, grenues, bulbeuses. — Racines annuelles, bisannuelles, vivaces. — Usage des racines.*

La RACINE est la partie inférieure du végétal ; elle tend toujours à descendre vers la terre, ne verdit jamais lorsqu'elle est exposée à l'action de l'air et de la lumière, et ne porte ni feuilles ni bourgeons. Ces caractères, qui la distinguent évidemment des tiges, ne permettent pas non plus de la confondre avec les tiges souterraines connues sous le nom de RHIZOMES.

Le plus souvent implantées dans la terre, les racines fixent et nourrissent le végétal. Cependant il est des plantes qui, vivant à la surface de l'eau, ont des racines flottantes, réduites à la dernière de ces fonctions; d'autres végètent sur les rochers, sur les vieux murs, comme les *Lichens*, la *Valériane rouge*, etc.; leurs racines ne servent guère qu'à les fixer. Plusieurs enfoncent leurs racines dans l'écorce des arbres pour se nourrir des sucs de ces végétaux aux dépens desquels ces plantes vivent en véritables parasites, tels sont le *Gui*, le *Lierre*, etc. Enfin, il en est quelques-unes qui, outre leurs racines terrestres, en ont d'autres que l'on a nommées AÉRIENNES (pl. II, fig. 1), parce qu'elles se développent sur les diverses parties de la tige à une grande élévation dans l'atmosphère. Ces racines finissent toujours par atteindre le sol, où elles cherchent à s'implanter. Le *Clusier rose*, arbre d'Amérique, laisse pendre ainsi de longues racines de ses rameaux. Quelques figuiers des Indes en portent qui descendent également d'une grande hauteur.

Une branche de *Sureau*, de *Peuplier*, d'*Hortensia*, mise en terre par l'une de ses extrémités, donne naissance à des racines. Si les deux extrémités étaient implantées de manière à ce que la tige formât un demi-cerceau, toutes deux également produiraient des racines.

En général, toute partie extérieure d'un végétal dans laquelle les sucs sont forcés de s'arrêter par une cause quelconque, tend à pousser des racines, et réciproquement, toute partie de racine mise à découvert tend à pousser une nouvelle tige. Si le point où il y a stagna-

tion et abondance de sucs est entouré d'un sol humide, ou abrité de l'air et de la lumière, la production nouvelle est une RACINE ; s'il est exposé à la lumière, la production nouvelle est une TIGE ou une BRANCHE.

Dans une racine, on peut distinguer trois parties :

1° Le COLLET ou NŒUD VITAL (pl. II, fig. 2, C), partie supérieure qu'il n'est pas ordinairement facile de reconnaître. C'est la ligne de démarcation qui sépare la racine de la tige, et c'est de là que partent les bourgeons de la tige annuelle dans une racine vivace.

2° Le CORPS (pl. II, fig. 2, Cr.), ou partie moyenne, de forme et de consistance variées, plus ou moins renflée, se terminant par une espèce de queue, et souvent ressemblant à un cylindre ou à une tige renversée, simple ou ramifiée.

. 3° Le CHEVELU (pl. II, fig. 2, Ch.), ou partie inférieure, composée de RADICELLES, ou fibres très-déliées, terminées par de petits organes coniques et blanchâtres, qu'on nomme SPONGIOLES. C'est seulement par les extrémités des radicelles, et à l'aide de ces espèces de SUÇOIRS ou d'éponges, que les racines absorbent dans la terre, en sorte que le CHEVELU en est la partie réellement essentielle.

Dans le germe qui commence à se développer, la racine porte le nom de RADICULE, et se présente sous la forme d'un petit pivot sans aucune division. Bientôt ce petit corps se charge de ramifications diversement modifiées selon les espèces. Dans certaines plantes, principalement dans les monocotylédonées, le pivot disparaît, et il n'existe plus, pour constituer la racine, que des faisceaux de fibres qui descendent du collet, et prennent différentes directions dans le sol, selon les végétaux dont elles font partie.

Les racines ont une tendance marquée à se diriger vers les veines de bonne terre, et souvent elles s'allongent considérablement pour se porter vers les lieux où elles trouvent des sucs nourriciers plus substantiels. Pour y atteindre, elles traversent des corps très-durs, percent le tuf ou d'épaisses murailles, s'inclinent et se relèvent en suivant les deux pentes d'un fossé, et surmontent, pour parvenir à leur but, tous les obstacles qu'elles rencontrent sur leur passage.

Un botaniste, possesseur d'un champ d'excellente terre, voulant se défendre contre la voracité d'une rangée d'ormes qui bordaient son terrain, fit creuser sur la lisière un fossé large et profond. Durant la première année, l'expédient parut réussir, mais lorsque le botaniste fit labourer une seconde fois sa terre, la charrue se trouva tellement embarrassée dans les racines, que les bœufs ne pouvaient la traîner. Ces racines étaient celles des ormes qui, arrivés au bord du fossé, ne l'avaient pas traversé en ligne droite, mais étaient descendues à une grande profondeur, puis étaient remontées de l'autre côté jusqu'à ce qu'elles eussent atteint la bonne couche dans laquelle elles s'étaient engraissées et multipliées.

Suivant leur forme et leur structure, la plupart des racines peuvent être rapportées, avec quelques modifications, aux quatre espèces suivantes :

1º Les racines PIVOTANTES (pl, II, fig. 2), qui s'enfoncent perpendiculairement dans le sol comme une sorte de pivot. Elles sont simples et sans divisions, et leur forme générale se rapproche plus ou moins d'un cône renversé, d'une toupie ou d'un fuseau ; ex.: *Carotte, Navet, Radis*. Lorsque ces racines présentent la dernière de ces formes, qu'elles sont allongées, et plus minces à leurs extrémités qu'à leur partie moyenne, comme dans la *Rave*, on les appelle racines FUSIFORMES.

2° Les racines FIBREUSES (pl. II, fig. 3), qui se divisent en une multitude de fibres quelquefois simples et grêles, d'autres fois épaisses et ramifiées, et dont le chevelu est ordinairement très-abondant ; ex. : *Froment, Palmier*. Lorsque les ramifications de ces racines portent d'espace en espace certains renflements ou nœuds, comme celles de l'*Avoine en chapelet*, elles prennent le nom de racines NOUEUSES (pl. II, fig. 4).

3° Les racines TUBERCULEUSES (pl. II, fig. 5), qui portent sur différents points de leur étendue des tubercules pleins de fécule, et munis d'yeux et de bourgeons souterrains destinés à reproduire une nouvelle tige ; ex. : *Pomme de terre, Orchis*. Ces racines sont dites FASCICULÉES (pl. II, fig. 6), lorsqu'elles forment un faisceau de tubercules allongés comme dans l'*Asphodèle rameux*, et GRENUES OU GRANULÉES (pl. II, fig. 7), lorsqu'elles portent de petits tubercules épars, ordinairement de forme arrondie, comme celle du *Saxifrage granulé*.

4° Les racines BULBEUSES (pl. II, fig. 8), qui portent à leur partie supérieure une BULBE OU OIGNON, sorte de masse charnue et succulente, de forme globuleuse, séparée de la racine par un corps très-mince nommé PLATEAU ; ex. : *Lis, Jacinthe, Oignon*. Ces bulbes, comme les tubercules, ne constituent pas la racine qui leur est inférieure ; mais ces organes souterrains recèlent en eux-mêmes le germe d'une nouvelle tige, aussi sont-ils considérés comme de véritables bourgeons.

Relativement à leur durée, on distingue les racines en ANNUELLES, BISANNUELLES et VIVACES.

1° Les racines ANNUELLES ne subsistent qu'une année ; elles appartiennent à des plantes qui, dans cet espace de temps, se développent et meurent après avoir donné des graines ; ex. : *Réséda. Blé, Coquelicot.*

2° Les racines BISANNUELLES appartiennent à des plantes auxquelles deux années sont nécessaires pour acquérir leur entier développement. La première année, elles ne produisent ordinairement que des feuilles, et la seconde, elles fleurissent, donnent des graines et meurent ; ex. : *Carotte.*

3° Les racines VIVACES sont celles qui subsistent un nombre indéterminé d'années. Les unes portent des tiges ligneuses qui durent autant qu'elles, comme les *Arbres ;* les autres poussent des tiges herbacées qui se développent et meurent tous les ans, tandis que leurs racines vivent un grand nombre d'années ; ex. : *Asperge, Luzerne.* Ces distinctions n'ont cependant rien d'absolu, car sous l'influence du changement de climat ou de culture, une plante annuelle peut devenir bisannuelle ou vivace et réciproquement.

Parmi les racines, il en est qui servent à la nourriture de l'homme, telles que la *Carotte,* le *Navet,* la *Betterave,* la *Pomme de terre,* etc. D'autres sont propres à lui rendre la santé, comme le *Chiendent,* la *Guimauve,* la *Réglisse,* la *Patience* et la *Valériane ;* plusieurs sont employées dans la teinture, comme la *Garance* et le

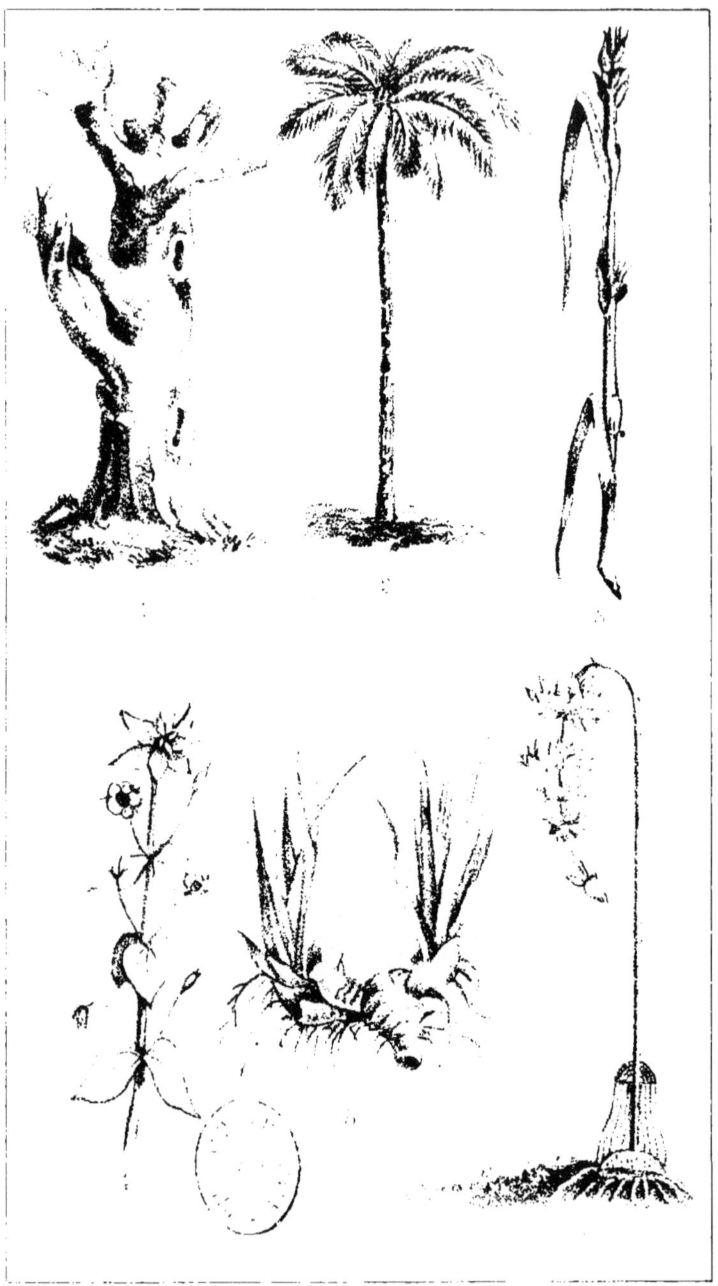

*Curcuma;* enfin, certains végétaux, ayant la faculté de pousser des racines qui se ramifient beaucoup et s'étendent fort loin, servent à consolider les terrains et à prévenir les éboulements. C'est ainsi qu'en Hollande on plante le *Roseau des sables (Carex arenaria)* sur les bords des fossés et des canaux. En d'autres pays, on plante pour le même objet l'*Argousier*, le *Genêt d'Espagne*, etc.

### 2° Tige.

*Ce que c'est que la tige. — Tronc. — Stipe. — Chaume. — Tige proprement dite. — Souche. — Modifications de la tige, suivant sa consistance, — sa direction, — ses ramifications, — sa superficie. — Plantes acaules. — Hampe. — Différence dans la structure du tronc et du stipe, — dans leur accroissement. — Hauteur, grosseur, vie, âge des arbres.*

La Tige est cette partie du végétal qui croît en sens contraire de la racine, qui tend à s'élever verticalement dans l'atmosphère et sert de support aux feuilles, aux fleurs et aux fruits, auxquels elle conduit et distribue, par ses ramifications, les sucs qui doivent servir à la nourriture de ces organes.

On distingue quatre espèces principales de tiges :

1° Le Tronc (pl. III, fig. 1), tige propre aux végétaux dicotylédonés. Il est de forme conique, muni d'écorce, plus solide à l'intérieur qu'à l'extérieur, et divisé supérieurement en branches et rameaux ; ex. : *Chêne, Pin, Frêne.*

2° Le Stipe (pl. III, fig. 2), qui appartient aux plantes

monocotylédonées : c'est une tige fibreuse, droite et cylindrique, aussi épaisse à son extrémité supérieure qu'à sa base, dépourvue d'écorce, plus solide à l'extérieur qu'à l'intérieur, se renflant quelquefois au centre et couronnée à son sommet par un bouquet de feuilles et de fleurs ; ex. : *Palmier.*

3° Le CHAUME (pl. III, fig. 3), tige cylindrique, ordinairement simple, creuse à l'intérieur, et présentant de distance en distance des parties solides et renflées appelées NOEUD ; ex. : *Blé, Seigle*, et toutes les *Graminées.*

4° La TIGE PROPREMENT DITE (pl. III, fig. 4), qui ne se rapporte à aucune des trois espèces précédentes, et que nous offrent les plantes HERBACÉES ; ex. : *Mouron des champs.*

On compte encore parmi les tiges des parties souterraines et horizontales que l'on nomme SOUCHES (pl. III, fig. 5), et qui présentent sur quelques points de leur étendue des traces de feuilles ; ex. : *Iris, Sceau de Salomon.*

La tige en général offre une foule de modifications, suivant qu'on l'examine sous le rapport de sa consistance, de sa forme, de sa direction, etc. Voici quelques-unes de ces modifications :

Quant à sa consistance, on l'appelle :

1° HERBACÉE, lorsqu'elle est tendre et verte et qu'elle périt chaque année ; ex. : *Renoncule, Bourrache.*

2° DEMI-LIGNEUSE, lorsqu'elle subsiste plusieurs années, les rameaux se renouvelant tous les ans ; ex. : *Thym, Sauge officinale.*

3° LIGNEUSE, quand elle est dure et persiste un grand nombre d'années. La tige ligneuse forme les ARBRES, qui atteignent de très-grandes dimensions et ne se ramifient que vers leur partie supérieure ; ex. : *Chêne, Marronnier* ; les ARBRISSEAUX, qui se ramifient dès la base et portent des bourgeons écailleux ; ex. : *Lilas, Rosier* ; et les ARBUSTES, qui se subdivisent aussi dès leur base, mais qui n'ont pas de bourgeons écailleux ; ex. : *Bruyère, Daphné*.

4° **Charnue**, lorsqu'elle renferme une grande quantité de sucs ou de substances aqueuses ; ex. : *Cactus, Pourpier*.

5° **Médulleuse**, quand elle est remplie de moelle ; ex. : *Sureau, Figuier*.

6° **Fistuleuse**, lorsqu'elle offre une cavité intérieure séparée par des cloisons ; ex. : *Angélique, Bambou*.

Suivant sa direction, elle est :

1° **Droite**, lorsqu'elle s'élève verticalement ; ex. : *Pin, Sapin*.

2° **Oblique**, lorsqu'en s'élevant elle s'incline sur le plan de l'horizon ; ex. : *Orme*.

3° **Couchée**, quand, trop faible pour se soutenir, elle s'étend sur la terre sans néanmoins y pousser des racines ; ex. : *Mauve, Serpolet*.

4° **Rampante**, lorsque, couchée sur la terre, elle s'y attache par des racines ; ex. : *Lierre terrestre*.

5° **Grimpante**, quand, trop faible pour se soutenir par elle-même, elle cherche un appui sur les corps qui l'avoisinent. La tige grimpante est dite : 1° **sarmenteuse**, lorsqu'elle s'accroche aux corps voisins par le moyen d'appendices nommés **Vrilles** ; ex. : *Vigne* ; 2° **volubile**, quand elle s'y enroule en spirale ; ex. : *Houblon, Liseron* ; 3° **radicante**, lorsqu'elle s'y attache par des racines ; ex. : *Lierre*.

Sous le rapport de ses ramifications, la tige est dite :

1° **Simple**, ou sans ramifications sensibles ; ex. : *Lis, Bouillon-blanc*.

2° **Rameuse**, quand elle se divise en branches et en rameaux, comme la plupart des plantes.

La superficie de la tige présente encore de nombreuses variétés, qui la font appeler :

1° **Unie**, lorsqu'elle ne présente aucune aspérité ; ex. : *Capucine*.

2° **Pubescente**, quand elle est revêtue de poils mous, fins et serrés, en forme de duvet ; ex. : *Digitale pourprée*.

3° **Velue**, si les poils sont longs et rapprochés ; ex. : *Luzerne des champs*.

4° **Laineuse, cotonneuse** ou **soyeuse**, lorsque les poils ressemblent à la laine, au coton ou à la soie ; ex. : *Ballote laineuse, Bouillon blanc, Saule blanc*.

5° **Epineuse, aiguillonneuse** ou **pulvérulente**, selon qu'elle est garnie d'épines, pourvue d'aiguillons ou recouverte d'une espèce de poussière fournie par le végétal ; ex. : *Aubépine, Rosier mousseux, Primevère farineuse*.

6º **Crevassée**, quand elle est parsemée de fentes profondes; ex. : *Chêne, Orme.*

Tous les végétaux à fleurs ont une tige, mais elle est quelquefois peu développée comme dans la *Jacinthe*; on dit alors que ces plantes sont sans tige, ou acaules, car il ne faut pas prendre pour une tige la Hampe (pl. III, fig. 6), ou le support qui soutient les fleurs, et qui se distingue en ce qu'il est toujours nu, c'est-à-dire sans feuilles.

La tige des plantes herbacées n'a rien de remarquable, mais la structure du tronc et celle du stipe présentent des différences très-tranchées qu'il est utile de connaître. La tige des végétaux dicotylédonés, le tronc d'un arbre, par exemple, coupé transversalement, offre à considérer, en procédant de l'intérieur à l'extérieur · la Moelle, le Bois, l'Aubier, et l'Écorce ( pl. IV, fig. 1).

1º La Moelle (pl. IV. fig. 1, M), substance spongieuse, diaphane et légère, logée vers le centre, dans une sorte d'Étui ou de canal (pl. IV, fig. 1, E m), que lui forme la première couche ligneuse; elle se prolonge depuis le collet de la racine jusqu'au sommet de la tige, et communique avec l'enveloppe herbacée au moyen de prolongements ou Rayons médullaires (pl. IV, fig. 1, R m), qui, partant du centre, se dirigent en rayonnant vers la circonférence.

2º Le Bois (pl. IV, fig. 1, B). En dehors de l'étui médullaire qui enveloppe la moelle, on trouve les Couches ligneuses, qui forment des zones concentriques, séparées par des tissus cellulaires. Chaque année, il se forme une nouvelle couche de bois dur, quelquefois assez dis-

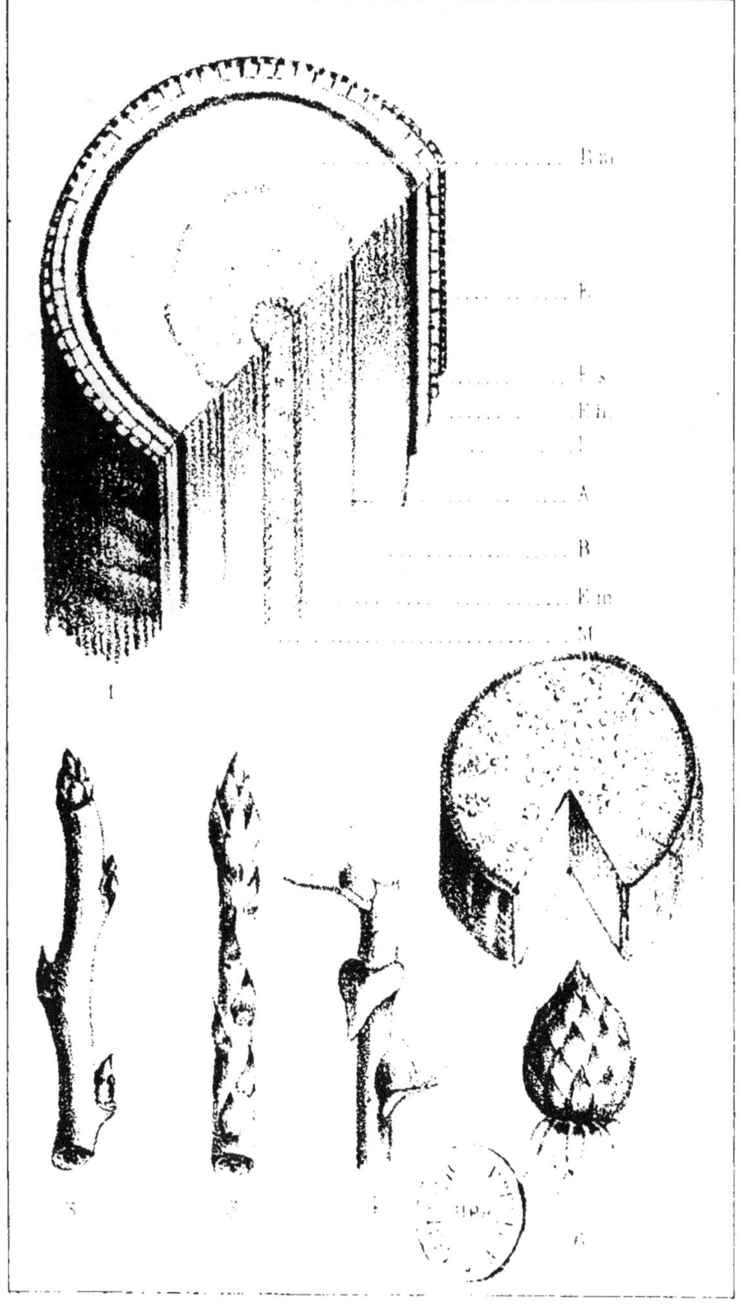

tincte des autres, pour que l'on puisse, en les comptant, apprécier l'âge d'un arbre que l'on coupe.

3° L'Aubier (pl. IV, fig. 1, A), situé entre le bois et l'écorce, ne diffère du bois parfait que par sa couleur plus blanche et la mollesse de son tissu. Comme il est peu solide et sujet à la vermoulure, on a soin de le rejeter dans les arts, et de l'enlever des bois de construction.

4° Le corps CORTICAL ou ECORCE est cette enveloppe qui entoure la tige à l'extérieur. Elle varie de couleur et de forme suivant les différentes espèces d'arbres. On y distingue le LIBER, L'ENVELOPPE HERBACÉE et l'ÉPIDERME.

1° Le LIBER (pl. IV, fig. 1, L), ou la partie la plus intérieure de l'écorce, est une suite de lames minces unies entre elles, que l'on peut quelquefois séparer comme les feuillets d'un livre. Cet organe est un des plus utiles à la végétation. Une GREFFE ne reprend qu'autant que son liber est en contact avec celui de l'arbre sur lequel on l'implante. Une MARCOTTE dont la partie inférieure est privée de liber, ne s'enracine pas. Si l'on enlève sur le tronc d'un arbre une bande circulaire de liber, de manière à découvrir le corps de l'arbre, non-seulement toute la partie supérieure du végétal ne se développera pas l'année suivante, mais l'arbre entier finira par périr. Pour que le liber puisse se réparer, il faut que la place dont on l'a détaché soit garantie du contact de l'air ; aussi les agriculteurs enveloppent-ils les plaies d'un arbre avec grand soin.

2° L'ENVELOPPE HERBACÉE est une couche placée entre le liber et l'épiderme, et qui recouvre le tronc, les branches et leurs divisions. Ses usages paraissent analogues à ceux de la moelle. Cette enveloppe est composée de deux couches : la COUCHE HERBACÉE proprement dite, ou ENVELOPPE CELLULAIRE (pl. IV, fig. 1, E h), de couleur verte et de tissu cellulaire, et l'ENVELOPPE SUBÉREUSE (pl. IV, fig. 1, E s), plus extérieure et plus dure, de couleur généralement brune et d'une consistance spongieuse, analogue à celle du liége; c'est en effet cette couche qui, dans quelques arbres, constitue la substance connue sous le nom de *liége*.

3° L'ÉPIDERME (pl. IV, fig. 1, E) est une membrane mince, transparente, incolore, percée d'un nombre considérable de petites ouvertures nommées STOMATES, ou PORES CORTICAUX. Il enveloppe toutes les parties du végétal, dont on peut facilement le détacher dans les jeunes tiges. L'épiderme, peu extensible, se fendille quand le tronc a acquis un certain volume ; c'est ce qu'on observe dans le *Chêne*, l'*Orme*, etc. D'autres fois, il se détache par lambeaux ou par plaques, comme dans le *Bouleau*, le *Platane*, etc.

On trouve quelquefois dans les arbres des inscriptions et des corps étrangers. Ce phénomène vient de ce que, pour faire ces inscriptions, et pour insérer ces corps, on n'a pas seulement coupé l'écorce, mais le bois; et le corps ligneux, croissant par des couches successives, a bientôt recouvert ces inscriptions et ces corps étrangers par ses nouvelles couches; ainsi, il n'est pas étonnant que l'on ait trouvé des os, des croix, des inscriptions, dans l'intérieur de quelques arbres.

La structure du STIPE (pl. IV, fig. 2), ou tige des plantes monocotylédonées, présente des caractères qui la distinguent évidemment de la précédente. La coupe transversale d'un palmier ou d'un aloès , par exemple, n'offre pas l'aspect régulier et symétrique des couches concentriques, emboîtées comme dans des étuis les unes dans les autres, ni le canal médullaire que présente le tronc d'un chêne ; tout se réduit à un tube renfermant une énorme quantité de moelle, au milieu de laquelle sont dispersés sans ordre des faisceaux longitudinaux de corps ligneux, revêtus d'une écorce à peine distincte des autres parties du stipe.

Si le tronc et le stipe présentent de si grandes différences dans leur composition, il en est une non moins remarquable dans l'accroissement de ces deux espèces de tiges. Voici sur ce sujet la théorie la plus généralement adoptée par les botanistes.

L'ACCROISSEMENT DU TRONC se fait en deux sens : en hauteur, par des jets qui se succèdent chaque année ; et en épaisseur, par de nouvelles couches qui se forment entre le bois et l'écorce.

L'ACCROISSEMENT EN HAUTEUR paraît avoir lieu de la sorte : quand la graine vient à germer, la RADICULE s'enfonce dans la terre, et la PLUMULE s'élève vers le ciel ; la sève s'épaissit, s'organise et croît en hauteur jusqu'à l'automne. A cette époque, l'accroissement s'arrête et l'on a ainsi une tige formée d'un cône allongé. Au printemps suivant, l'extrémité de la moelle que contient ce cône s'allonge ; la sève monte dans la moelle et redescend entre les couches corticales, comme l'eau qui s'écoulerait d'un vase trop plein. En descendant, elle s'épaissit, se condense et forme un second cône d'aubier. A celui-ci, en succèdent d'autres, d'année en année, de sorte que le tronc se trouve composé de cônes de plus en plus grands, emboîtés les uns dans les autres.

L'ACCROISSEMENT EN GROSSEUR OU EN DIAMÈTRE se fait par la dilatation des couches qui s'interposent entre le corps ligneux et le corps cortical. Si l'on coupe une jeune branche de tilleul à l'époque de la végétation, au printemps ou au mois d'août, et que l'on enlève circulairement l'écorce de cette branche, on voit que les parois intérieures de l'étui cortical, ainsi que la surface ligneuse qu'il renfermait, sont enduites d'un liquide plus ou moins visqueux, que l'on appelle CAMBIUM. Ce cambium, fluide mucilagineux, n'est autre chose que la sève, qui, après être montée à travers les vaisseaux contenus dans le bois, redescend entre le liber et l'aubier, en se mêlant à une partie des sucs propres du végétal. Chaque année, il se produit ainsi une nouvelle couche d'aubier qui se forme en dehors de celle de l'année précédente, et une nouvelle couche de liber qui se place au dedans de l'ancienne.

L'ACCROISSEMENT DU STIPE est peu marqué en diamètre. Dans un *Aloès*, par exemple, les feuilles, plissées sur elles-mêmes, se déroulent, et forment un faisceau circulaire au-dessus de la racine. Du centre de ce faisceau, un autre bouquet de feuilles s'élève l'année suivante, entièrement semblable au premier. Les feuilles anciennes, rejetées à la circonférence, se dessèchent et tombent; mais leurs bases, adhérentes au sommet de la racine, persistent, et constituent en se soudant un anneau solide qui est la base du stipe, et dans lequel cesse tout accroissement en diamètre. Un nouveau verticille se reproduit de même chaque année, et le stipe se trouve ainsi formé d'anneaux placés les uns au-dessus des autres, et soudés entre eux, au lieu d'être composé de couches concentriques comme le tronc. On conçoit donc que la tige ayant atteint toute sa grosseur par l'amincissement et l'épuisement des premiers faisceaux, ne peut plus que s'accroître en hauteur par des tronçons semblables, qui s'ajoutent à la suite les uns des autres, et que le stipe doit presque toujours avoir un diamètre fort restreint. En effet, les palmiers, qui atteignent souvent une hauteur de quarante-cinq mètres, ont à peine un mètre de circonférence. On voit ensuite, que, pour connaître l'âge d'un stipe, il suffit d'en compter les anneaux depuis le collet de la racine jusqu'au sommet ; et de plus, que, si l'on coupe le verticille de feuilles qui le couronne et qui est le principal organe de végétation, l'accroissement s'arrête; c'est ce qui arrive chaque année dans les colonies où l'on détruit un nombre considérable de palmiers en leur enlevant le bourgeon terminal connu sous le nom de *Chou palmiste*.

Quelquefois, il est des stipes qui présentent des parties minces ou renflées, sans doute suivant l'âge de sa vie où l'arbre a végété plus ou moins activement. L'uniformité dans l épaisseur de cette tige suppose donc qu'elle croît constamment dans un bon terrain, et que, par conséquent, ses fibres se développent toujours également. Mais, si l'on transplantait un palmier, d'un bon terrain dans un mauvais, sa végétation deviendrait moins vigoureuse, et les anneaux formés par les nouvelles feuilles, ayant moins de largeur, produiraient dans le stipe un rétrécissement. Si ensuite on rapportait le même palmier dans une meilleure terre, la partie supérieure du stipe, par une cause tout-à-fait contraire, se renflerait d'une manière sensible. Ces renflements et rétrécissements accidentels n'ont pas lieu dans les tiges dicotylédonées.

La grandeur et la grosseur des arbres varient beaucoup suivant le sol et le climat. De la chaleur, un certain degré d'humidité, joints à une bonne qualité de terrain, sont les conditions qui favorisent leur développement. Les *Palmiers* du Nouveau-Monde atteignent souvent une hauteur de cinquante mètres. Dans nos contrées, les plus grands arbres, tels que les *Chênes*, les *Frênes*, les *Pins*, les *Sapins*, les *Ormes*, ne s'élèvent jamais au delà de quarante à quarante-trois mètres. Quant à leur grosseur, elle n'excède pas généralement huit à neuf mètres dans nos climats; on voit cependant des *Tilleuls* dont le tronc a jusqu'à quinze mètres de circonférence; et ailleurs, cette grosseur peut quelquefois devenir énorme. On dit qu'en Amérique, il existe un *Sycomore* de vingt mètres de contour, qui offre une cavité dans laquelle on a pu faire entrer sept hommes à cheval; et l'on a vu sur le mont Etna un châtaignier composé de sept tiges partant d'une souche commune, et dont l'ensemble présente l'apparence d'un tronc unique de cinquante-trois mètres de circonférence.

Il y a des arbres qui poussent très-rapidement; ainsi on a observé un *Agave* d'Amérique qui, dans deux mois et demi, s'est élevé à huit mètres. On trouve des *Bambous* qui croissent de plus de seize mètres en trois mois; et dans les Indes, il y a des *Rotangs* qui poussent des sarments qui s'étendent jusqu'à deux cents mètres de la tige.

La *vie des Arbres* est plus ou moins longue suivant

l espèce, le sol et le climat. Il est prouvé que les *Chênes*, dans les meilleures conditions, peuvent vivre jusqu'à six cents ans ; les *Oliviers*, un plus grand nombre de siècles encore dans certaines circonstances ; et les *Cèdres du Liban* vivent si longtemps, que les anciens les regardaient comme indestructibles. Adanson a observé au cap Vert des *Baobabs* dont quelques-uns présentaient trente mètres de circonférence, et l'on prétend qu'au moyen de calculs ingénieux, il a estimé que ces arbres pouvaient avoir près de six mille ans d'existence.

### Ramification.

*Ce qu'on entend par ramifications. — Tiges simples, composées. — Organisation des branches et rameaux. — Leur disposition sur la tige. — Leur direction.*

On entend par RAMIFICATIONS les divisions successives du tronc ou de la tige d'un végétal. L'usage fait donner aux premières de ces ramifications le nom de BRANCHES, et à leurs subdivisions celui de RAMEAUX. Ce sont autant de nouveaux êtres qui se développent chaque année sur la plante, et lui donnent sa forme et son port selon leur disposition et leur direction.

Les tiges des deux premières divisions ne présentent pas ordinairement de ramifications latérales ; ainsi celles des palmiers et des fougères arborescentes offrent l'aspect d'une colonne couronnée par un bouquet de feuilles ; ces tiges sont donc SIMPLES, tandis que celles des dicotylédonés sont presque toujours COMPOSÉES, c'est-à-dire RAMIFIÉES.

3

L'organisation des branches est semblable à celle du tronc qui les porte, et dont elles ne sont que de simples expansions, puisqu'elles se développent de la même manière. Elles reçoivent de la tige la nourriture puisée dans le sol, et lui rendent à leur tour celle qu'elles ont absorbée dans l'atmosphère au moyen des feuilles. La première année, elles sont herbacées, et portent le nom de Scion. La seconde année, elles contiennent une couche ligneuse; ensuite elles en prennent une nouvelle chaque année comme le tronc. Il est facile d'en conclure que si la branche naît sur une tige âgée d'un an, elle contiendra une couche de bois de moins que le tronc, et que si elle naît deux ou trois ans après cette tige, elle contiendra toujours deux ou trois couches ligneuses de moins.

Les branches offrent en général la même disposition sur la tige que les feuilles sur les branches et les rameaux; quelquefois elles sont opposées ou placées vis-à-vis l'une de l'autre, comme dans le *Marronnier d'Inde*. D'autres fois, elles sont alternes et naissent à des hauteurs différentes, comme dans le *Pêcher*. On en voit qui sont verticillées, et disposées quatre par quatre, ou trois par trois autour de la tige, comme dans le *Laurier-rose*. Souvent elles sont éparses et naissent sans ordre, comme dans un grand nombre d'arbres, tels que le *Coignassier*.

L'insertion des branches et des rameaux varie beaucoup lorsqu'on examine des végétaux d'espèces différentes, mais sur ceux d'une espèce semblable, le mode d'attache est toujours le même, surtout si on l'observe dans les jeunes plantes, car pendant l'accroissement il peut survenir des accidents qui déterminent des changements, ou empêchent le développement de quelques branches, ce qui fait disparaître cette régularité de disposition qui caractérise l'arbre que l'on examine.

Il est visible que les branches ne prennent pas indifféremment toutes les directions. Dans les arbres pyramidaux, tels que les *Peupliers*, le *Cyprès commun*, elles sont dressées presque verticalement le long de la tige ; dans le *Cèdre du Liban*, elles sont toujours horizontales ; dans le *Saule pleureur*, au contraire, elles sont pendantes et infléchies vers le sol. Quant à leur ensemble, elles présentent sensiblement dans tous les arbres la forme d'un cône, comme dans les *Sapins*, ou d'une boule échancrée, comme dans les *Pommiers*.

Les dispositions des branches tiennent aux divers degrés de force du bois qui les compose, et au besoin qu'elles éprouvent de recevoir directement les rayons de la lumière pour faire décomposer, par son influence, l'acide carbonique qui s'est formé dans les végétaux, et qu'ils ont absorbé dans l'atmosphère par la respiration.

### Bourgeons.

*Bourgeons foliifères, florifères, mixtes, — nus, écailleux. — Yeux, boutons, véritables bourgeons. — Bourgeons axillaires, terminaux, adventifs. — Bulbilles, tubercules, turions, bulbes.*

Les Bourgeons (pl. IV, fig. 3) sont de petits corps de forme, de nature et d'aspect variés, qui paraissent de distance en distance sur les végétaux, et qui renferment dans leur intérieur les rudiments des tiges, des branches, des feuilles et des organes de la fructification.

La forme des bourgeons proprement dits varie selon la différence des organes qu'ils contiennent. Lorsqu'ils sont effilés et pointus, ils ne renferment ordinairement que des feuilles, et sont nommés bourgeons FOLIIFÈRES. Ceux qui sont gros et arrondis produisent le plus souvent des fleurs, et sont dits bourgeons FLORIFÈRES. Il en est enfin où les formes ovoïde et allongée se modifient mutuellement, et qui donnent en même temps des euilles et des fleurs : ce sont les bourgeons MIXTES.

Les végétaux qui croissent sous la zone torride et dans les situations où leurs jeunes pousses sont à l'abri des intempéries de l'air, ont des bourgeons complètement NUS ; c'est ce qui arrive aux herbes annuelles qui se développent pendant l'été, et aux plantes que nous abritons dans nos serres. Celles qui vivent dans les régions tempérées portent des bourgeons recouverts d'écailles imbriquées, qui les protégent contre les pluies et les accidents des mauvaises saisons. Enfin, dans les pays très-froids, ils sont de plus garnis intérieurement d'une substance cotonneuse ou soyeuse, destinée à couvrir extérieurement les organes qu'ils renferment. Dans ces deux dernières circonstances, ils sont nommés bourgeons ÉCAILLEUX.

Les bourgeons commencent à poindre en été, à l'époque où la végétation est dans son plus grand état de vigueur, et portent alors le nom d'YEUX. Ils grossissent un peu en automne, et constituent les BOUTONS, qui restent stationnaires pendant l'hiver, et ne se développent qu'au printemps suivant, époque à laquelle ils deviennent de véritables BOURGEONS.

Les bourgeons réguliers ne se développent jamais qu'au point de jonction des feuilles avec la tige, ou à l'extrémité des rameaux. Dans le premier cas, ils sont dits BOURGEONS AXILLAIRES, et dans le second, BOURGEONS TERMINAUX. Généralement il n'y en a qu'un au point d'attache de chaque feuille ; plus rarement il y en a deux ou plusieurs ; on en voit cependant des exemples dans l'*Abricotier*, le *Noyer*.

Il est des bourgeons irréguliers qui paraissent accidentellement au milieu du bois, sur l'écorce, sur les feuilles, et même sur les racines : on les nomme BOURGEONS ADVENTIFS.

On nomme BULBILLES (pl. IV, fig. 4) une certaine espèce de bourgeons, solides et écailleux, qui naissent sur différentes parties de la plante, et qui, détachés et mis en terre, sont susceptibles de reproduire un végétal tout-à-fait semblable à celui dont ils tirent leur origine. On regarde encore comme de véritables bourgeons les TUBERCULES pourvus d'yeux, portés par les tiges souterraines de la *Pomme de terre*, du *Topinambour*, etc.

Les bourgeons RADICAUX, qui naissent du collet de la racine, ont reçu des noms particuliers ; ainsi, on appelle TURIONS (pl. IV, fig. 5) ceux des plantes vivaces qui produisent chaque année une nouvelle pousse, comme l'*Asperge*, et enfin BULBES (pl. IV, fig. 6) ceux qui surmontent la racine et sont formés d'écailles imbriquées ou de membranes concentriques, comme dans le *Lis* et dans la *Tulipe*.

### 3° Feuilles.

*Ce qu'on entend par feuilles. — Préfoliation. — Parties de la feuille. — Feuilles articulées, sessiles, — persistantes, caduques. — Sommeil des plantes. — Couleur des feuilles.— Disposition des nervures dans les monocotylédonés et dans les dicotylédonés. — Feuilles simples, composées. — Insertion des feuilles. — Feuilles florales. — Épines, aiguillons, vrilles.*

Les FEUILLES sont des appendices membraneux, qui ont leur origine sur les rameaux, les branches, les tiges ou même sur le collet de la racine, et qui servent à la nutrition des végétaux, en ce qu'ils sont des organes de respiration et d'évaporation.

Avant de se développer, les feuilles sont toujours renfermées dans les bourgeons, où elles sont diversement arrangées les unes à l'égard des autres ; on a donné le nom de PRÉFOLIATION à cette disposition particulière des feuilles dans le bourgeon, où elles sont *pliées, plissées, roulées.*

On distingue dans une feuille (pl. V, fig. 1) deux parties principales : 1° le LIMBE ou DISQUE, qui comprend les NERVURES et le PARENCHYME ; 2° le PÉTIOLE, support plus ou moins allongé, que l'on nomme vulgairement QUEUE de la feuille.

Le LIMBE (pl. V, fig. 1, L), qui provient des fibres du pétiole dilatées et épanouies, est cette partie plane de la feuille qui offre différentes configurations. On y distingue intérieurement : 1° les NERVURES ou CÔTES (pl. V, fig. 1, N), diversement ramifiées, qui en forment

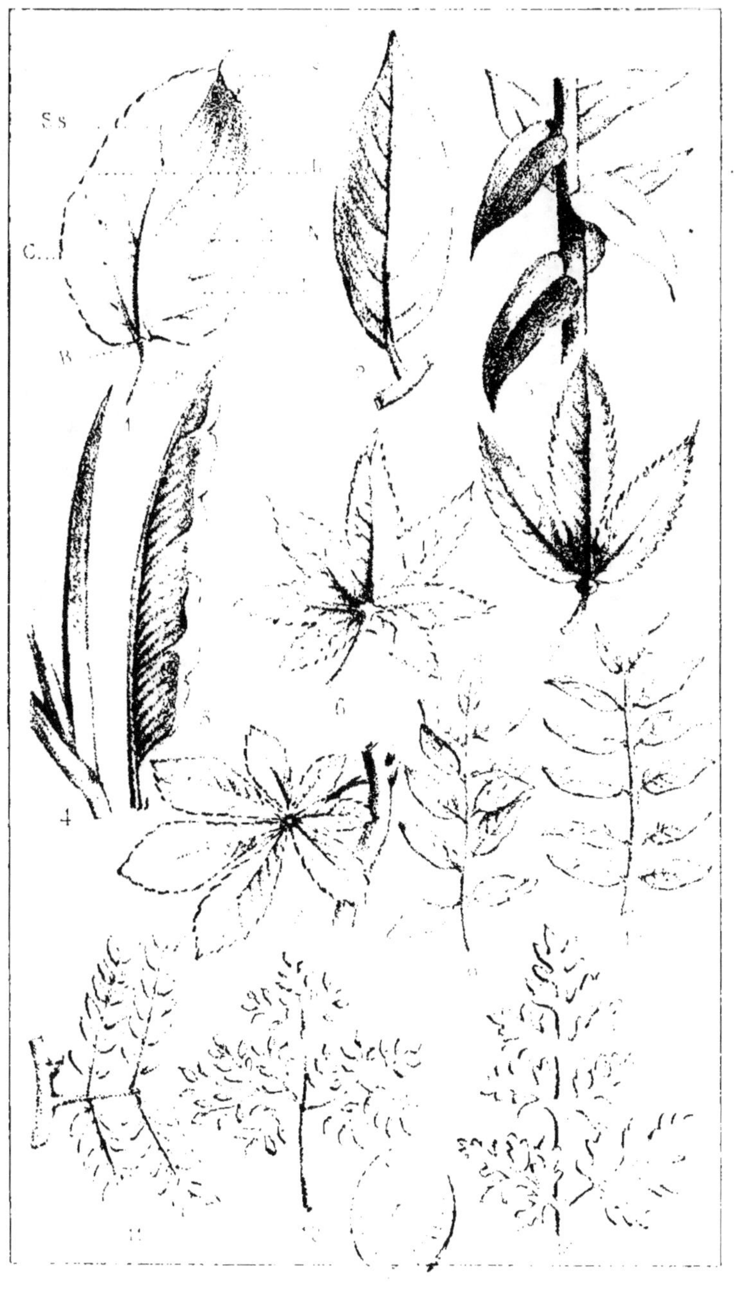

comme la charpente ; 2° le Parenchyme (pl. V, fig. 1, Pr), tissu herbacé, qui remplit les interstices des nervures, et est revêtu d'un épiderme très mince. Le Limbe offre encore à considérer extérieurement : 1° une Surface supérieure (pl. V, fig. 1, S s) unie et lisse; 2° une Surface inférieure (pl. V, fig. 1, S i) d'une teinte moins foncée, plus molle et souvent revêtue de duvet: 3° une Base (pl. V, fig. 1, B) ou partie qui l'unit au pétiole ; 4° un Sommet (pl. V, fig. 1, S) ou extrémité opposée à la base; 5° enfin une Circonférence ou Contour (pl. V, fig. 1, C) qui détermine la forme de la surface.

Le Pétiole (pl. V, fig. 1, P) est le plus souvent cylindrique, ou canaliculé, ou comprimé latéralement; ses nombreuses modifications sont, du reste, assez sensibles pour qu'il soit inutile de les indiquer ici. Ce Pétiole n'étant qu'un faisceau de fibres non encore désunies, et le Limbe n'étant que l'épanouissement de ce même faisceau, on voit que ce sont deux parties d'un même organe qui diffèrent seulement dans leur développement, et l'on doit s'attendre à ce que l'une de ces parties puisse, dans certains cas, se transformer dans l'autre, et même que le pétiole manque quelquefois totalement; mais, lorsque ces deux parties existent, et que les feuilles sont composées du limbe et du pétiole, elles sont dites pétiolées (pl. V, fig. 2), comme celles du *Poirier*. Lorsque le pétiole manque et que la feuille se réduit à un limbe appliqué immédiatement sur la tige, on la nomme sessile (pl. V, fig. 3), disposition que l'on observe dans le *Buis*, le *Pavot*, etc.

Les feuilles peuvent être unies de deux manières différentes avec la tige ou la branche qui les supporte : tantôt leur tissu cellulaire est continu avec celui de la tige, et, dans ce premier cas, elles sont PERSISTANTES, c'est-à-dire qu'elles se dessèchent sur le rameau avant de tomber et restent souvent plusieurs années sur le végétal, comme dans les *Genévriers*, les *Thuyas* et les arbres toujours verts; tantôt il y a des interruptions au point de jonction, et, dans ce second cas, les feuilles articulées sont CADUQUES, c'est-à-dire qu'elles tombent de bonne heure, indépendamment de la branche qui les porte. Elles exécutent des mouvements très-sensibles et prennent pendant la nuit une position différente de celle qu'elles ont eue pendant le jour, phénomène que l'on a désigné sous le nom de SOMMEIL DES PLANTES, et que l'on peut observer sur diverses espèces d'*Acacia*.

Presque toutes les feuilles sont vertes; cependant il en est d'un vert bleuâtre particulier, semblable au vert de mer, ce qui paraît être dû à une sorte de poussière qui revêt l'épiderme. On dit qu'elles sont GLAUQUES, comme celles du *Bouillon-blanc* et du *Saule ;* quelques-unes sont rouges ou violettes, elles sont dites COLORÉES, comme celles de l'*Amarante*. On sait d'ailleurs que les feuilles changent de teinte en mourant. Souvent cette transition est graduelle et produit une grande richesse de tons, qui fait rechercher certaines espèces pour les massifs; ex. : le *Sumac*, le *Cyprès chauve*.

Les nombreuses différences que présentent les feuilles tiennent généralement aux dispositions diverses de leurs nervures et à la manière dont le parenchyme se développe dans leurs intervalles.

Dans la plupart des monocotylédonés, les nervures,

simples et courbes, partent de la base des feuilles, et se dirigent vers le sommet en traversant le limbe parallèlement à elles-mêmes, comme dans les *Graminées*, l'*Iris* (pl. V, fig. 4), ou bien elles partent de chaque côté de la nervure principale, et, toujours disposées parallèlement entre elles, elles sont perpendiculaires à la longueur de la feuille. Dans ces deux cas, les nervures sont liées par de petites veines non ramifiées ; aussi les feuilles des monocotylédonés sont-elles faciles à déchirer dans le sens longitudinal, et plus encore dans le sens transversal, ce que l'on peut voir dans le *Bananier* (pl. V, fig. 5), qui, lorsqu'il est exposé au vent, présente presque toujours des feuilles en lambeaux.

Dans les dicotylédonés, les nervures se ramifient presque toujours de manière à former un réseau ; aussi les feuilles de cette division se laissent-elles déchiqueter plutôt que de se déchirer longitudinalement.

Les feuilles sont SIMPLES OU COMPOSÉES : 1° SIMPLES, lorsque le pétiole n'offre aucune division, que le limbe forme une seule lame ou que ses différents lobes sont continus par leur parenchyme, et que l'on ne peut en isoler une partie sans déchirer l'autre ; 2° COMPOSÉES, lorsqu'elles résultent de la réunion de plusieurs folioles isolées les unes des autres, ou d'articles distincts qui sont séparables sans déchirement. Ces FOLIOLES sont SESSILES OU ARTICULÉES, selon qu'elles sont attachées au pétiole commun par la base de leur nervure médiane, ou qu'elles sont portées chacune sur un pétiolule particulier.

Sous le rapport de la forme et de la disposition des nervures, les feuilles sont dites :

1º PENNINERVES (pl. V, fig. 2), quand une seule nervure principale ou côte part de la base, et donne naissance à des nervures latérales disposées comme les barbes de plumes ; ex. : *Châtaignier, Tilleul.*

2º PALMINERVES (pl. V, fig. 6), quand plusieurs côtes partent de la base, et donnent naissance à d'autres qui divergent comme les doigts d'une main ouverte ; ex. : *Vigne, Ricin.*

3º ENTIÈRES (pl. V, fig. 2), lorsque le tissu cellulaire comble tous les intervalles des nervures et qu'elles ne présentent aucune découpure sur les bords ; ex. : *Lilas.*

4º DENTÉES (pl. V, fig. 6), quand les dernières ramifications des nervures sont séparées par de petits intervalles, et que le contour du limbe est découpé à dents ; ex. : *Rosier.*

5º DIVISÉES (pl. V, fig. 6), quand les découpures se trouvent entre les nervures principales d'une feuille palminerve, et s'arrêtent à peu près au milieu ; ex. : *Érable, Ricin.*

6º Enfin LOBÉES (pl. V, fig. 7), quand les échancrures atteignent la base du limbe ; ex. : *Passiflore.* Les expressions BILOBÉES, TRILOBÉES et MULTILOBÉES servent à indiquer le nombre des lobes.

D'après leur analogie avec les feuilles SIMPLES, les feuilles COMPOSÉES doivent offrir, en les classant, des divisions à peu près correspondantes ; aussi en distingue-t-on deux espèces principales :

1º Les feuilles PALMÉES OU DIGITÉES (pl. V, fig. 8), dont les folioles naissent en divergeant du sommet du pétiole commun, comme les nervures des feuilles palminerves ; ex. : *Marronnier.*

— 35 —

2° Les feuilles PENNÉES OU AILÉES, dont les folioles naissent sur les parties latérales du pétiole commun, comme les nervures des feuilles penninerves ; ex. : *Acacia*. Une feuille ailée est dite IMPARIPENNÉE ou PENNÉE AVEC IMPAIRE (pl. V, fig. 9), quand l'extrémité du pétiole porte une feuille solitaire, comme dans le *Baguenaudier*, et PARIPENNÉE OU PENNÉE SANS IMPAIRE (pl. V, fig. 10), lorsque toutes les folioles sont disposées par paires, comme dans la *Lentille* et le *Févier* de Chine. La même feuille est dite BIPENNÉE (pl. V, fig. 11), lorsque le pétiole principal se subdivise lui-même en plusieurs pétioles, dont chacun supporte un certain nombre de folioles, et TRIPENNÉE (pl. V, fig. 12), quand les folioles secondaires constituent autant de feuilles bipennées. Les *Mimosas* offrent plusieurs exemples de ces deux espèces de feuilles.

Quand les divisions de la feuille se multiplient en trop grand nombre et deviennent irrégulières, on dit que la feuille est DÉCOMPOSÉE, LACINIÉE OU DÉCHIQUETÉE, comme dans la *Carotte*, la *Caucalide* (pl. V, fig. 13).

La nature a varié d'une infinité de manières les formes et les divisions organiques des feuilles des différentes plantes, et, de plus, il n'est pas rare de voir sur un même arbre les feuilles différer sensiblement d'un rameau à l'autre. Le climat paraît exercer une grande influence sur la forme des feuilles ; car, d'après le témoignage des voyageurs, telle plante porte chez nous des feuilles entières, tandis que dans les contrées lointaines elle n'en porte que de divisées, et ces différences sont si marquées qu'elles ont quelquefois fait douter de l'identité des végétaux qui portent ces feuilles.

Nous ne suivrons donc pas les botanistes dans ces modifications, dont nous connaissons les causes, et qu'ils ont exprimées par des termes particuliers. Une étude plus importante est celle de la disposition des feuilles sur la tige, où elles naissent toujours dans un ordre déterminé, lorsque aucune cause n'a dérangé leur tendance vers cet ordre symétrique. Aussi, sous le rapport de leur insertion sur la tige, les feuilles sont dites :

1° ALTERNES (pl. VI, fig. 1), c'est-à-dire disposées en spirale autour de l'axe commun ; ex. : *Peuplier, Planère crénelé.*

2° OPPOSÉES (pl. VI, fig. 2), ou placées vis-à-vis l'une de l'autre ; ex. : *Syringa,* et toutes les *Labiées.* Les feuilles opposées le sont très-souvent en croix, comme dans le *Filaria à feuilles étroites.*

3° VERTICILLÉES (pl. VI, fig. 3), rangées en anneaux horizontaux autour de la tige ; ex. : *Garance, Laurier-rose, Caille-lait.*

4° DISTIQUES (pl. VI, fig. 1), placées sur deux rangs opposés ; ex. : *Planère crénelé* et beaucoup de *Lycopodes.*

5° COURONNANTES (pl. III, fig. 2), formant un bouquet au sommet de la tige ; ex. : *Palmier.*

6° EMBRASSANTES OU AMPLEXICAULES (pl. VI, fig. 4), quand la nervure médiane s'étend transversalement autour de la circonférence de la tige ; ex. : *Pavot blanc.*

7° ENGAINANTES (pl. VI. fig. 5), si le bas se prolonge et forme une gaîne autour de la tige ; ex. : *Froment.*

8° PERFOLIÉES (pl. VI, fig. 6), lorsque le disque est traversé par la tige ; ex. : *Buplèvre.*

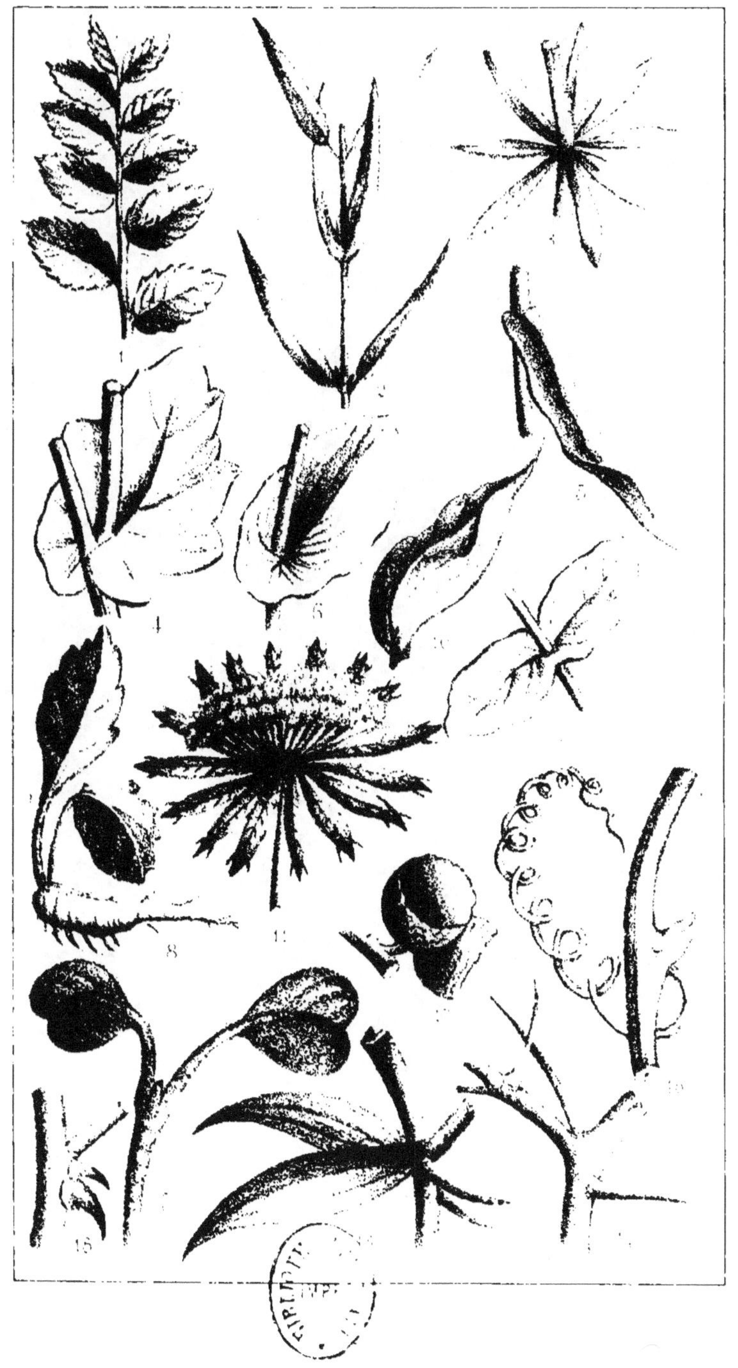

9° Connées (pl. VI, fig. 7), ou soudées par leur base, de manière à simuler un seul limbe traversé par la tige, ex. : *Chèvre-feuille*.

Quelle que soit la situation des feuilles le long des tiges et des branches, elles tendent toujours à se placer de manière qu'elles soient le moins possible recouvertes par les feuilles supérieures, de sorte qu'elles puissent jouir de l'air et de la lumière; aussi ne trouve-t-on jamais deux feuilles immédiatement superposées dans le sens longitudinal.

Toutes les feuilles qui naissent sur la tige, ou sur les rameaux, sont appelées CAULINAIRES, OU RAMÉALES; celles qui sortent du collet de la racine sont nommées RADICALES, ex. : *Panais* (pl. VI, fig. 8); et celles qui sont formées par le développement des cotylédons sont dites feuilles SÉMINALES (pl. VI, fig. 9); les feuilles qui avoisinent les fleurs sont nommées BRACTÉES (pl. VI, fig. 10): elles diffèrent des feuilles ordinaires par la forme et la couleur; lorsqu'elles n'en diffèrent pas, on les nomme feuilles FLORALES. Ces organes foliacés, qui servent à soutenir et à protéger les fleurs, se rapprochent souvent, et se soudent plus ou moins ensemble, de manière à former une sorte de collerette, à laquelle on a donné le nom général d'INVOLUCRE (pl. VI, fig. 11). Quelques involucres ont reçu des noms particuliers, tels que ceux de CUPULE (pl. VI. fig. 12), de SPATHE (pl. IX, fig. 4, S), de GLUME (pl. XIV, fig, 3, G).

Les STIPULES (pl. VI, fig. 13) sont de petits appendices FOLIACÉS, attachés à chaque côté de la base du pétiole, et qui offrent dans leur structure et leur forme les mêmes caractères que les feuilles. On peut donc les considérer comme des feuilles rudimentaires, tantôt caduques, tantôt persistantes.

Outre les feuilles, la tige porte quelquefois des organes accessoires, qui proviennent de la transformation des rameaux, des bourgeons et des feuilles elles-mêmes ; tels sont les Epines, les Aiguillons et les Vrilles.

1° Les Epines (pl. VI, fig. 14) sont des parties aiguës, solides, raides, qui tirent leur origine du bois, et traversent l'écorce, comme dans l'*Aubépine;* ces piquants ne peuvent être séparés de la plante sans un déchirement sensible.

2° Les Aiguillons (pl. VI, fig. 15) sont des expansions dures et pointues, qui diffèrent des épines en ce qu'ils ne tiennent pas à la tige, mais seulement à l'écorce, et naissent sur l'épiderme, dont ils s'enlèvent avec facilité, comme dans le *Rosier*.

3° Les Vrilles (pl. VI, fig. 16) sont des filets simples ou rameux, qui servent aux plantes comme de mains pour s'accrocher aux corps voisins, autour desquels ils s'enroulent, comme la *Vigne*.

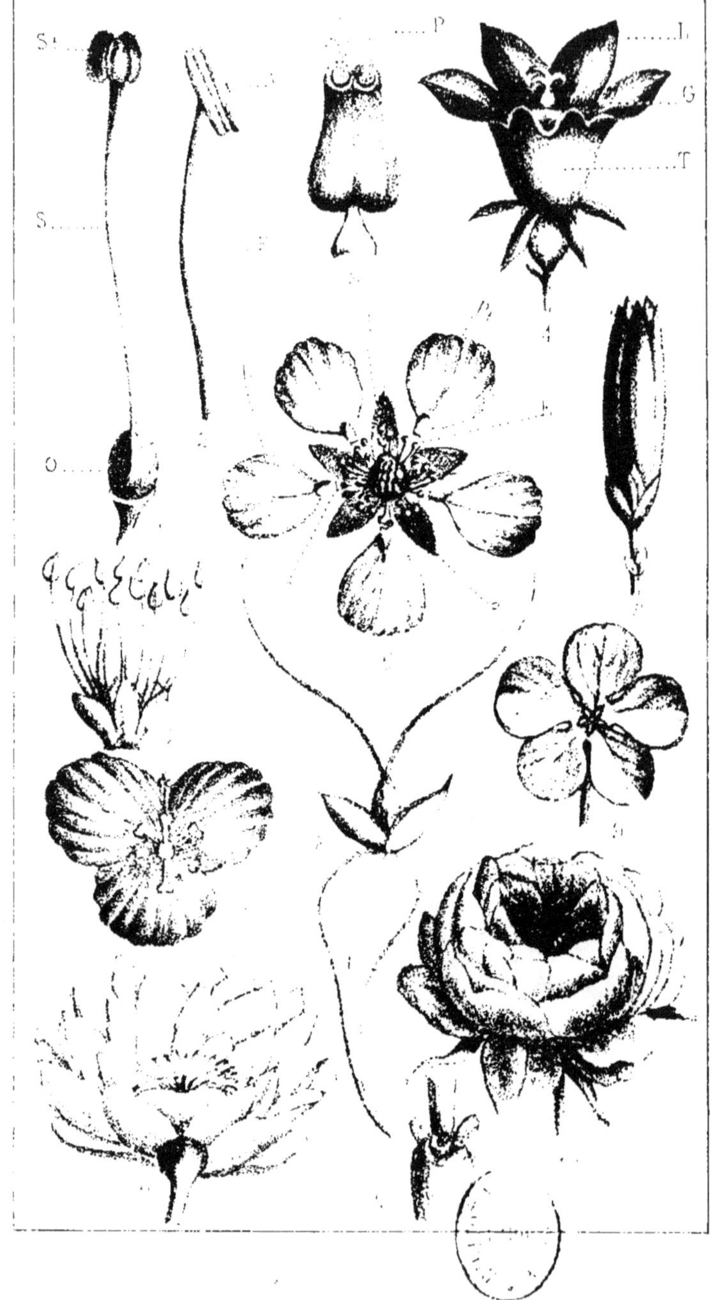
S
P
L
G
T
S
O

# SECTION IV.

## ORGANES REPRODUCTEURS.

### FLEUR. —→FRUIT. — GRAINE.

#### 1° Fleur.

*Ce qu'on appelle Fleur. — Ses organes : Pistil, Étamines, Corolle, Calice. — Fleur complète, hermaphrodite, nue, apétale, mâle, femelle, neutre, unisexuelle. — Plante monoïque, dioïque, polygame. — Fleur simple, double, pleine. — Variété des formes de la corolle. — Nectaires. — Fleur sessile, pédonculée. — Hampe. — Réceptacle de la fleur.*

La FLEUR est l'assemblage des organes de la fructification et de ceux qui les entourent et les protégent. Elle se compose de quatre parties essentielles qu'on nomme VERTICILLES : 1° le PISTIL, 2° les ETAMINES, 3° la COROLLE, et 4° le CALICE. (Pl. VII, fig. 6).

1° Le PISTIL (pl. VII, fig. 1). C'est un petit corps diversement conformé, qui occupe ordinairement le centre de la fleur ; il est tantôt UNIQUE, tantôt MULTIPLE. On y distingue ordinairement trois parties : 1° l'OVAIRE (pl. VII, fig. 1, O), base du pistil, partie renflée, qui renferme les OVULES ou rudiments des graines ; 2° le STYLE (pl. VII, fig. 1, S), qui s'élève sur l'ovaire en forme de filet ; il n'existe pas toujours dans le pistil ; 3° le STIGMATE (pl. VII, fig. 1, St), petit organe souvent visqueux, de formes diverses, qui pose ordinairement sur le sommet du style.

2° Les Etamines (pl. VII, fig. 2). Ce sont de petits corps placés en nombre plus ou moins grand autour du pistil. Elles se composent en général de trois parties : 1° le Filet (pl. VII, fig. 2, F), support filamenteux sur lequel est attachée l'Anthère. Cette première partie manque souvent dans les étamines. 2° L'Anthère (pl. VII, fig. 2, A), petit sac membraneux, le plus souvent composé de deux loges renfermant le Pollen. 3° Le Pollen (pl. VII, fig. 3, P), poussière renfermée dans l'anthère, et destinée à féconder les ovules contenues dans l'ovaire.

3° La Corolle (pl. VIII). C'est l'enveloppe immédiate des organes de la fructification, la partie la plus apparente et la plus brillante de la fleur par les nuances de ses couleurs et la délicatesse de son tissu. Composée d'une seule pièce, comme dans la *Campanule*, elle est dite Monopétale (pl. VII, fig. 4), et se divise en trois parties : 1° Le Tube (pl. VII, fig. 4, T), partie inférieure plus ou moins rétrécie ; 2° le Limbe (pl. VII, fig. 4, L), partie supérieure, large, étalée ou réfléchie, qui surmonte le tube ; 3° la Gorge (pl. VII, fig. 4, G), simple ligne circulaire, qui joint le tube et le limbe. Formée de plusieurs pièces, comme dans la *Renoncule*, la Corolle est dite Polypétale (pl. VII, fig, 6) et chacune de ses feuilles prend le nom de Pétale (pl. VII, fig. 6, Pt). Dans un pétale, on distingue la partie supérieure, élargie, de forme variable, appelée Lame (pl. VII, fig. 6, L), et la partie inférieure, rétrécie et plus ou moins allongée, par laquelle il est attaché au réceptacle, et qu'on appelle Onglet (pl. VII, fig. 6, O).

4° Le Calice (pl. VII, fig. 5 et 6). C'est l'enveloppe

verte et foliacée de la corolle. Il peut être de même composé d'une ou de plusieurs pièces nommées Sépales (pl. VII, fig. 6, S). Formé d'une seule pièce, il est dit Monosépale (pl. VII, fig. 5), ex. : *OEillet* ; et composé de plusieurs pièces, il est dit Polysépale (pl. VII, fig. 6), ex. : *Renoncule*. Il protége la fleur quand elle est en bouton ; et lorsqu'elle est épanouie, il en soutient les feuilles et en conserve la figure et la beauté.

La corolle et le calice ont été désignés par les noms collectifs de Périanthe, d'Enveloppes florales, etc. ; les Etamines et les Pistils, par celui d'Organes Sexuels ; les étamines étant l'organe male, et les pistils, l'organe femelle.

Pour être complète, la fleur doit posséder les quatre verticilles : pistil, étamines, corolle, calice. Cependant les parties qui les composent sont susceptibles d'éprouver une multitude de variations, soit par l'accroissement, la réduction ou la substitution des parties d'un ou de plusieurs verticilles, soit par la suppression complète des verticilles eux-mêmes. C'est d'après ces différentes modifications que l'on dit :

1° Fleur nue (pl. XIV, fig. 4), celle qui manque à la fois de corolle et de calice, comme dans les *Graminées*.

2° Apétale (pl. XV, fig. 4), celle qui manque de corolle et n'a qu'un calice coloré, ainsi que les fleurs *monocotylédonées*.

3° Mixte ou hermaphrodite (pl. VII. fig. 10), celle qui contient des étamines et des pistils.

4° Male (pl. VII, fig. 7), celle qui a des étamines et manque de pistil.

4.

5° Femelle (pl. VII, fig. 8), celle qui renferme des pistils et n'a pas d'étamines.

6° Neutre (pl. VII, fig. 9), la fleur privée de ces deux sortes d'organes.

On donne le nom de fleurs unisexuelles, uniféres, ou diclines à celles qui n'ont en fait d'organes sexuels que des pistils ou des étamines. Les plantes à fleurs unisexuelles sont appelées Monoïques, lorsque le même pied porte à la fois des fleurs mâles et des fleurs femelles, ex. : *Noyer;* Dioïques, lorsque les fleurs mâles sont sur un individu, et les fleurs femelles sur un autre, ex. : *Saule;* et Polygames, si elles ont sur un même pied ou sur des pieds différents, des fleurs mâles, femelles et hermaphrodites, ex. : *Frêne.*

On appelle encore fleurs simples (pl. VII, fig. 10) celles dont les pétales sont disposés sur un seul rang circulaire, et non sur plusieurs rangées concentriques; fleurs doubles (pl. VII, fig. 11) celles où il se développe un plus grand nombre de pétales que cette fleur n'en doit avoir naturellement, ce qui est l'effet d'une abondance de sucs nourriciers, et presque toujours de soins particuliers de culture. Dans la fleur double, dont l'*OEillet* offre souvent des exemples, les étamines et les pistils subsistent encore en partie, et peuvent donner quelques graines; il n'en est pas de même dans la fleur pleine (pl. VII, fig. 12), dont le réceptacle est entièrement rempli de pétales, provenant de la transformation des étamines et des pistils. Cette fleur, que l'on trouve fréquemment sur les *Rosiers*, la *Pivoine*, etc., est absolument stérile, ne se multiplie que par boutures, et, malgré son brillant, qui la rend l'ornement des parterres,

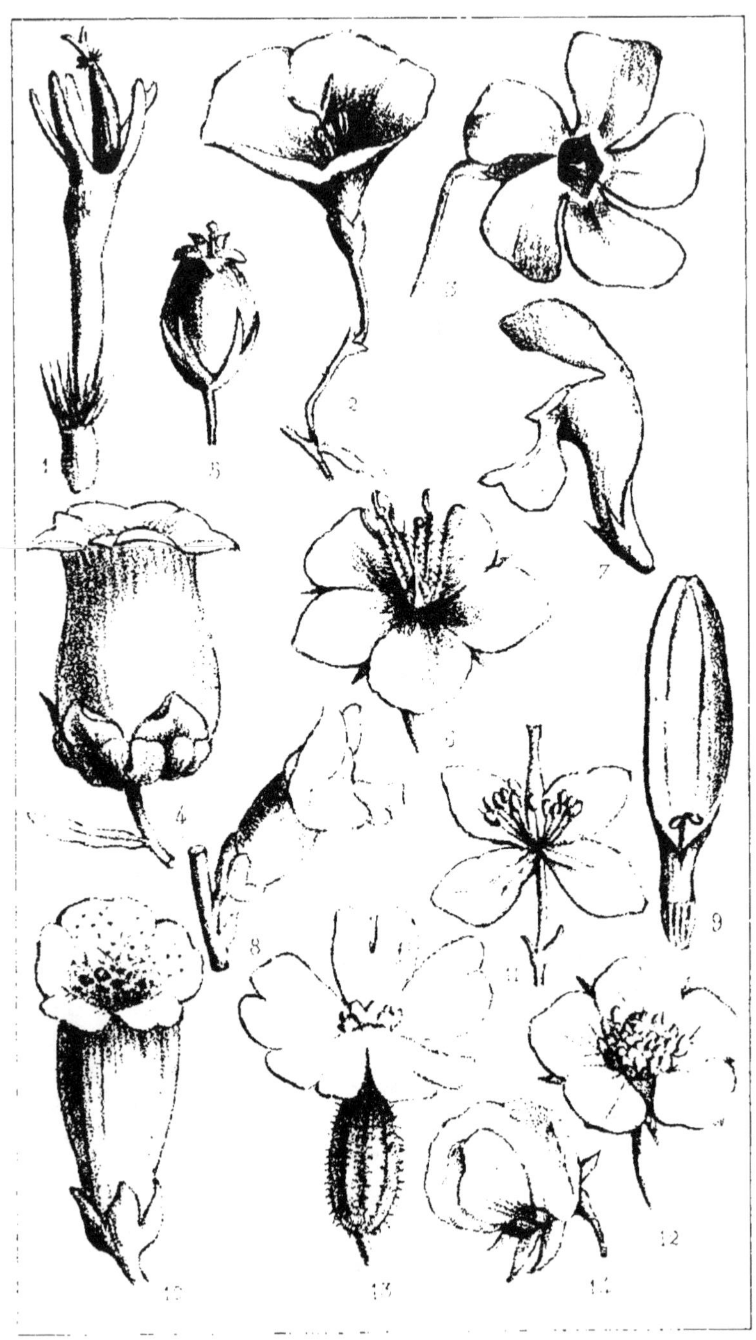

elle n'a pas de prix aux yeux des botanistes, qui la considèrent comme une sorte de monstruosité.

Si les fleurs présentent des différences si nombreuses dans l'ensemble de leurs parties, c'est plus encore dans la forme de leurs enveloppes florales que la multitude de ces variétés est étonnante. Ainsi la corolle, dite RÉGULIÈRE quand ses parties forment un verticille symétrique, et IRRÉGULIÈRE dans le cas contraire, a reçu les dénominations suivantes :

1º TUBULEUSE ( pl. VIII, fig. 1 ), c'est-à-dire s'allongeant en tube ; ex. : *Bluet*, fleur centrale.

2º INFUNDIBULIFORME (pl. VIII, fig. 2), formant un entonnoir ; ex. : *Liseron*.

3º HYPOCRATÉRIFORME (pl. VIII, fig. 3), simulant un plateau ; ex. : *Pervenche*.

4º CAMPANULÉE (pl. VIII, fig. 4), ou en cloche ; ex. : *Campanule*.

5º URCÉOLÉE (pl. VIII, fig. 5), renflée dans sa partie moyenne et resserrée à son orifice comme une petite outre ; ex. : *Bruyère cendrée*.

6º ROTACÉE ( pl. VIII, fig. 6 ), à limbe plane et découvert comme une roue ; ex. : *Mouron*.

7º LABIÉE (pl. VIII, fig. 7), divisée en deux lèvres ; ex. : *Lamier*.

8º PERSONNÉE ( pl. VIII, fig. 8 ), en forme de muffle ou de masque ; ex. : *Mufflier*.

9º LIGULÉE (pl. VIII, fig. 9), formée d'un tube court qui s'épanouit en languette unilatérale ; ex. : *Chrysanthème*.

10º DIGITALIFORME (pl. VIII, fig. 10), en forme de dé à coudre ou de cloche allongée ; ex. : *Digitale*.

11º CRUCIFORME (pl. VIII, fig. 11), à pétales disposés en croix ; ex. : *Chélidoine*.

12º ROSACÉE (pl. VIII, fig. 12), dont les pétales sont étalés en rosace ; ex. : *Fraisier*.

13º CARYOPHYLLÉE (pl. VIII, fig. 13), composée de cinq pétales dont les onglets, fort longs, sont cachés dans le calice ; ex. : *Lychnis, OEillet*.

14º PAPILIONACÉE ( pl. VIII, fig. 14), formée de cinq pétales irréguliers dont l'ensemble imite un papillon à ailes étendues ; ex. : *Pois*, etc.

On observe quelquefois vers le milieu de la fleur quelques appendices de configuration différente, qui ne rentrent dans aucune des parties essentielles dont il a été question ; ce sont des Nectaires (pl. VII, fig. 13), nom sous lequel on a réuni une multitude de parties hétérogènes, telles que des Glandes, qui sécrètent un nectar, ou liqueur sucrée, recherchée par les abeilles ; une sorte de Disque ou de Godet ; des Cornets, des Filets, etc. Ces organes accessoires ne sont que des excroissances d'autres organes ou des transformations de parties qui n'ont pu se développer. Leurs fonctions ne paraissent pas être d'une grande importance, car ils manquent dans la plupart des plantes.

Les recherches des premiers botanistes modernes sur l'origine de la fleur ont eu pour résultat de prouver que les organes de la fructification ne sont que des organes fondamentaux diversement modifiés. D'après les observations de ces savants, on peut donc considérer la fleur dans son ensemble comme un rameau ou un bourgeon essentiellement terminal ; ainsi, nous n'avons vu dans ses parties, comme nous ne verrons dans celles du fruit, qu'une reproduction de la feuille sous des formes diverses.

La fleur peut être fixée de différentes manières sur la tige qui la porte. Tantôt son axe particulier est si court qu'il paraît nul, alors la fleur est sessile ; tantôt elle est pédonculée, c'est-à-dire soutenue par un support nommé communément queue de la fleur, et désigné en botanique sous le nom de Pédoncule. Lorsque ce support florifère semble naître de la racine, il prend le nom de Hampe. L'extrémité plus ou moins élargie, creuse ou renflée du pédoncule, est ce qu'on appelle Réceptacle de la fleur.

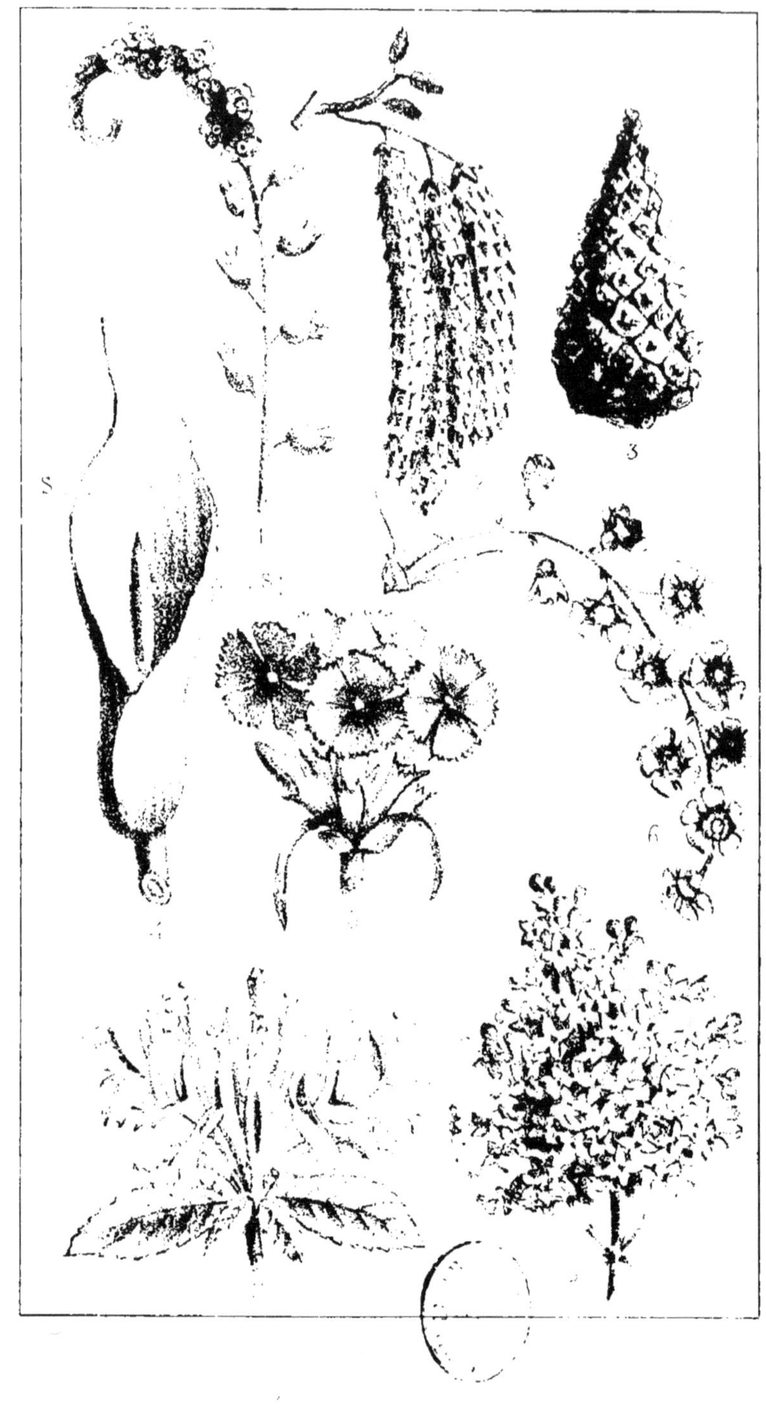

## Inflorescence.

*Signification du mot inflorescence. — Fleurs axillaires, terminales, — solitaires, géminées, ternées. — Inflorescence en épi, — ses modifications. — Grappe, ses variations. — Inflorescence en ombelle. — Ombelle simple, composée. — Capitule.*

On a désigné par INFLORESCENCE deux choses distinctes :

1° L'arrangement des fleurs sur la tige qui les porte ; 2° un ensemble de fleurs qui ne sont pas séparées les unes des autres par des feuilles ordinaires.

On appelle fleurs AXILLAIRES, celles qui se développent au point d'attache de la feuille avec le rameau, et TERMINALES, celles qui naissent au sommet de la tige.

Les fleurs peuvent être SOLITAIRES si leur pédoncule est simple et uniflore, comme dans la *Pervenche;* GÉMINÉES, TERNÉES, etc., selon qu'elles naissent deux ou trois au même point, comme le *Sceau de Salomon,* etc.: c'est l'inflorescence SIMPLE.

Mais si le pédoncule se divise, chacun de ses rameaux ou PÉDICELLES porte une fleur, et c'est la disposition diverse des pédoncules simples sur la tige, et des pédicelles sur le pédoncule, qui détermine les différents modes d'inflorescence COMPOSÉE.

La plupart de ces modes d'inflorescence peuvent être rapportés à deux types principaux, dont les autres ne sont que des modifications.

1° L'INFLORESCENCE dite en ÉPI ou en GRAPPE, 2° l'INFLORESCENCE dite en OMBELLE.

Les fleurs sont disposées en ÉPI (pl. IX, fig. 1), lorsqu'elles naissent le long d'un axe central, au-dessus du point d'attache des feuilles, et que, portées sur un pédicelle nul, ou si court qu'il est peu visible, elles imitent la disposition des grains de blé sur l'épi ; ex. : *Myosotis des champs.*

Les principales modifications de l'ÉPI ont reçu les noms suivants :

1° CHATON (pl. IX, fig. 2), épi à fleurs unisexuelles, dont les bractées sont serrées et imbriquées, et dont l'axe se dessèche et tombe de lui-même après la floraison ; ex. : *Bouleau noir.*

2° CÔNE (pl. IX, fig. 3), épi dont les bractées sont très-grandes ou grandissent beaucoup après la floraison ; ex. : les *Conifères.*

3° SPADICE ou RÉGIME (pl. IX, fig. 4), épi dont l'axe succulent est enveloppé dans sa jeunesse par une large bractée engaînante ou spathe ; ex. : *Arum maculé.*

4° FAISCEAU (pl. IX, fig. 5), épi dont les fleurs naissent en grand nombre en un même point de la tige, ex. : *OEillet à fleurs en tête.*

La GRAPPE (pl. IX, fig. 6), ne diffère de l'épi que parce que ses fleurs sont portées sur des pédicelles plus ou moins allongés ; ex. : *Groseillier à grappes.*

Voici les noms que l'on donne aux modifications de la grappe :

1° VERTICILLE (pl. IX, fig. 7), grappe disposée en cercle ou en anneau autour de la tige ; ex. : *Monarde écarlate.*

2° THYRSE (pl. IX, fig. 8), grappe composée, dans

## 2° Fruit.

*Parties du fruit; — son développement. — Péricarpe;
— ses divisions. — Fruits simples, multiples, composés, — secs, charnus, — déhiscents, indéhiscents. —
Usages des fruits.*

On nomme Fruit tout ovaire fécondé, accru et parvenu à sa maturité.

Le fruit se compose essentiellement de deux parties
distinctes : 1° le Péricarpe, 2° la Graine.

Au moment de la fructification, les ovules, qui n'é-
taient d'abord que de petits corps rudimentaires d'une
substance aqueuse, renfermés dans l'ovaire, s'épaissis-
sent, prennent de la consistance, se changent en graines,
et bientôt l'ovaire commence à s'accroître, se développe,
devient le péricarpe, et prend enfin les caractères propres à constituer le fruit.

1° Le Péricarpe, partie sèche, membraneuse ou
charnue, qui sert d'enveloppe à la graine, est toujours
composé de trois parties, faciles à distinguer dans les
fruits charnus.

L'Épicarpe (pl. XI, fig. 1, E), membrane extérieure,
mince et souvent transparente, qui recouvre, comme
une espèce d'épiderme, l'intérieur du fruit. Dans une
pomme ou une pêche, par exemple, la peau est l'épicarpe.

Le Mésocarpe ou Sarcocarpe (pl. XI, fig. 1, M),
placé sous l'épicarpe. C'est une substance tantôt pul-
peuse et très-développée, et tantôt sèche ou tellement
mince, qu'elle semble ne pas exister. La partie intermé-

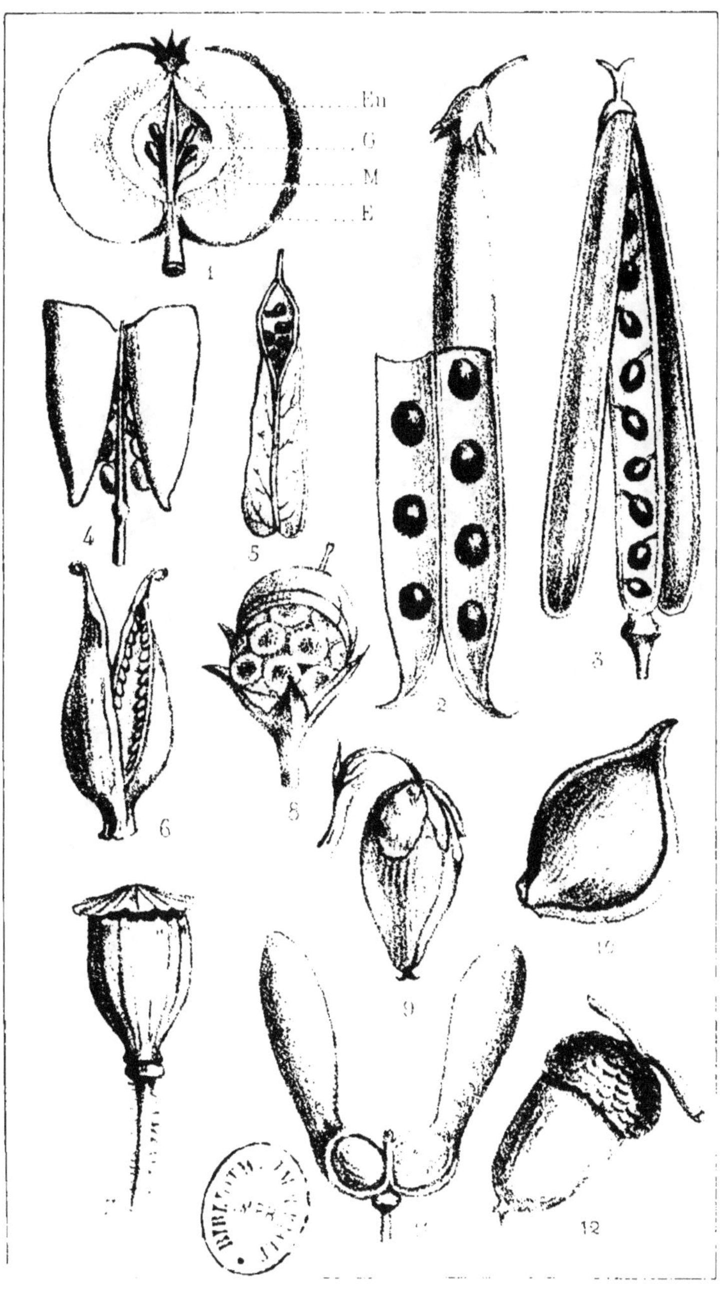
En
G
M
E
1
2
3
4
5
6
7
8
9
10
11
12

diaire et charnue d'une pomme ou d'une pêche en est le mésocarpe.

L'ENDOCARPE (pl. XI, fig. 1, En), enveloppe cartilagineuse ou osseuse, qui sert de loge à la GRAINE (pl. XI, fig. 1, G). Ainsi, dans une pomme ou une pêche, la membrane qui tapisse intérieurement la cavité dans laquelle sont renfermés les pepins ou les amandes en est l'endocarpe.

Le péricarpe du fruit résulte d'un ovaire formé par le développement d'une feuille repliée sur elle-même, à laquelle les botanistes ont donné le nom de CARPELLE. On doit donc retrouver dans le fruit et dans l'ovaire une structure analogue; c'est ce qui a lieu lorsque aucune cause n'a troublé le développement de la feuille carpellaire. Ainsi, le péricarpe contient ordinairement dans son intérieur autant de loges que l'ovaire dont il provient; cependant cet organe peut subir plusieurs changements dans le cours de la maturation du fruit, en sorte que le type primitif peut être plus ou moins altéré; et quelquefois un ovaire à plusieurs loges produit un fruit uniloculaire, et dans d'autres circonstances, un ovaire à une seule loge se change en un fruit multiloculaire. Dans ce dernier cas, les différentes cavités du péricarpe sont séparées par des CLOISONS qui constituent les parois des carpelles, ou, si l'on veut, les prolongements de l'endocarpe. Les ovules renfermées dans ces loges sont fixées à une espèce de bourrelet saillant nommé PLACENTA, lequel, au moyen d'un petit filet nommé FUNICULE, les fait adhérer au péricarpe et leur transmet ainsi les sucs nécessaires à leur accroissement.

Il existe entre les fruits un nombre prodigieux de variétés de forme, de consistance, de volume, etc. Cependant, d'après leurs caractères généraux, on peut les classer en fruits SIMPLES, MULTIPLES OU COMPOSÉS; SECS OU CHARNUS; DÉHISCENTS OU INDÉHISCENTS.

On nomme fruit SIMPLE celui qui n'est composé que d'un seul ovaire; ex. : *Pêche*; fruit MULTIPLE OU SYNCARPÉ, celui qui provient de la réunion de plusieurs ovaires renfermés dans une même fleur; ex. ; *Ronce*; fruit COMPOSÉ OU AGRÉGÉ, celui qui est formé par la soudure de plusieurs ovaires provenant tous de fleurs distinctes très-rapprochées les unes des autres; ex. : *Mûre*.

Les fruits sont SECS OU CHARNUS, suivant que leur péricarpe est dur et cassant ou d'un tissu épais, ferme et succulent.

Le péricarpe des fruits peut s'ouvrir pour laisser échapper les graines, acte qu'on appelle DÉHISCENCE, ou il demeure fermé de toutes parts, état que l'on nomme INDÉHISCENCE.

Les fruits secs sont déhiscents ou indéhiscents.

Les fruits charnus sont tous indéhiscents.

Les fruits secs DÉHISCENTS OU CAPSULAIRES, qui s'ouvrent d'eux-mêmes en un nombre plus ou moins grand de pièces nommées VALVES, sont :

1º La GOUSSE (pl. XI, fig. 2), ou légume composé de deux valves réunies par une suture où sont attachées les graines; ex : *Gesse, Pois*.

2º La SILIQUE (pl. XI, fig. 3), péricarpe à deux valves séparées dans leur longueur par une cloison qui porte les graines; ex. : *Giroflée, Choux*.

3º La SILICULE (pl. XI, fig. 4), diminutif de la silique devenue plus courte et plus large; ex. : *Thlaspi, Cochlearia*.

4º La FOLLICULE (pl. XI, fig. 5), fruit à une seule valve pliée dans sa longueur, s'ouvrant sur le côté par une fente longitu-

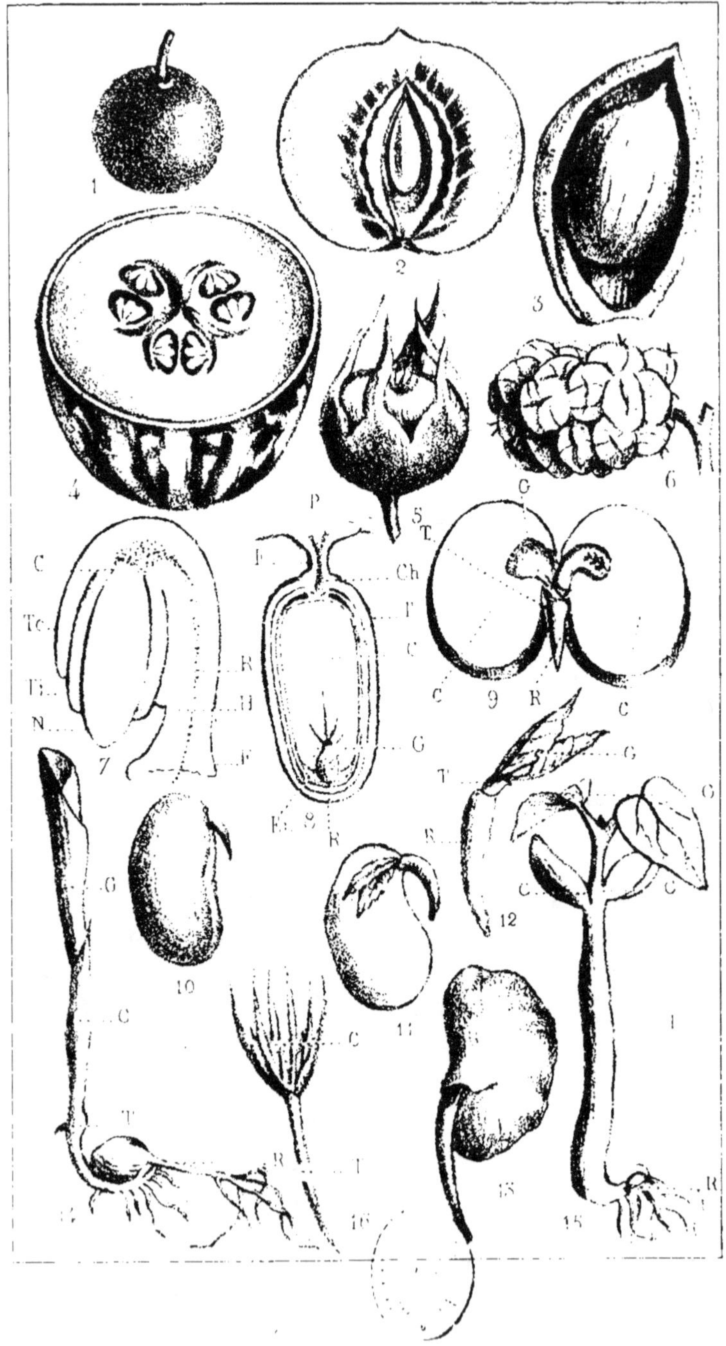

dinale et renfermant plusieurs graines; ex. : *Ancolie, Pied d'a-louette.*

5° La Capsule ( pl. XI, fig. 6 et 7 ), sorte de petite boîte de forme très-variable, à une ou plusieurs loges et s'ouvrant de différentes manières; ex. : *Gentiane, Coquelicot.*

6° La Pyxide ( pl. XI, fig. 8), vulgairement boîte à savonnette, fruit s'ouvrant en deux valves superposées; ex. : *Mouron.*

Les fruits secs indéhiscents, qui ne s'ouvrent que par la rupture de leurs membranes à l'époque de la germination, sont :

1° La Cariopse (pl. XI, fig. 9), composée d'un seul ovaire, et dont le péricarpe, très-mince, est adhérent à la graine, avec laquelle il se confond. Ce sont ces fruits que l'on a longtemps considérés comme des graines nues; ex. : *Sarrasin, Graminées.*

2° L'Akène (pl. XI, fig. 10), également monosperme, et qui se distingue de la Cariopse en ce que sa graine n'est pas soudée avec le péricarpe; ex. : *Renoncule, Synanthérées.*

3° La Samare (pl. XI, fig. 11), fruit comprimé, divisé en une ou deux loges, et dont le péricarpe se prolonge souvent sur les bords en forme d'ailes membraneuses; ex. : *Erable, Orme.*

4° Le Gland (pl. XI, fig. 12), fruit dur et lisse, renfermé en partie, rarement en totalité, dans une sorte d'involucre écailleux ou foliacé nommé Cupule; ex. : *Chêne, Noisetier, Châtaignier.*

Parmi les fruits charnus ou pulpeux, dont le péricarpe ne s'ouvre pas naturellement à la maturité, mais laisse sortir les graines en se déchirant ou en se détruisant, on remarque :

1° La Baie (pl. XII, fig. 1), fruit succulent et mou dans lequel il n'y a pas de noyau, mais où il existe plusieurs graines éparses dans la pulpe; ex. : *Vigne, Groseillier.*

2° La Drupe (pl. XII, fig. 2), fruit charnu à l'extérieur, renfermant dans son intérieur une loge à paroi osseuse nommée noyau; ex. : *Pêcher, Cerisier.*

3° La Noix (pl. XII, fig. 3), qui ne diffère de la drupe que par la nature de son péricarpe, moins charnu et moins succulent; ex. : *Noyer, Amandier.*

4° La Péponide (pl. XII, fig. 4), contenant plusieurs loges monospermes éparses au milieu de la pulpe; ex. : *Courge pépon.*

5° La Mélonide, ou pomme (pl. XI, fig. 1, et pl. XII, fig. 5), fruit charnu, couronné par les dents du calice et contenant plusieurs loges tapissées par un endocarpe, ou cartilagineux, comme dans la *Pomme*, ou osseux, comme dans le *Néflier.*

Parmi les fruits COMPOSÉS OU AGRÉGÉS, on distingue particulièrement :

1º Le SOROSE ( pl. XII, fig. 6 ), ou fruit composé de la réunion de plusieurs fruits simples soudés en un seul corps ; ex. : *Mûrier, Ananas.*

2º Le CÔNE (pl. IX, fig. 3), masse pyramidale formée par le rapprochement de plusieurs bractées, accrues, épaissies, serrées et imbriquées ; il est conique ou arrondi ; ex. : *Pin, Cyprès.*

3º Le SYCONE (pl. XXVII , fig. 2), sorte d'involucre charnu renfermant un grand nombre de petites drupes ; ex. : *Figuier.*

Les fruits fournissent de grandes ressources pour l'économie domestique, et particulièrement pour la nourriture secondaire de l'homme dans la plupart des contrées du globe. Parvenus à maturité, les produits des arbres fruitiers sont un aliment léger, rafraîchissant, agréable, et parfaitement approprié aux différents âges de la vie ; aussi l'objet de la culture est-il, surtout pour les fruits pulpeux , le développement du péricarpe. Cependant les nombreux usages auxquels nous l'employons ne sont pas l'unique but que lui a désigné la Providence : il a pour fonction naturelle de protéger la graine, et de lui transmettre les sucs alimentaires au moyen desquels elle prend de l'accroissement, et finit par atteindre son dernier état de perfection.

### 3º Graine.

*Ce que c'est que la graine. — Ses parties. — Dissémination des graines. — Multiplicité des graines ; — leur utilité.*

La GRAINE est cette partie du fruit contenue dans la cavité du péricarpe, et qui renferme elle-même le rudiment d'une plante nouvelle. C'est l'ovule parvenu à sa maturité et propre à se détacher du végétal pour en propager l'espèce. On distingue dans la graine deux parties essentielles : 1° l'Épisperme ; 2° l'Amande.

1° L'Épisperme, enveloppe immédiate de l'amande, paraît quelquefois formé d'une seule membrane, et souvent se compose de deux téguments, l'un extérieur, dur et coriace, appelé Testa (pl. XII, fig. 7, Te ); l'autre intérieur et presque toujours mince, nommé Tegmen (pl. XII, fig. 7, Ti).

2° L'Amande ou Nucelle (pl. XII, fig. 7, N), sorte de noyau recouvert par les téguments, est toujours composée d'un corps rudimentaire appelé Germe (pl. XII, fig. 8, G R), qui est la partie essentielle de la graine. Seul par son développement, il doit reproduire une plante semblable à celle d'où il sort, et constitue quelquefois l'amande tout entière comme dans le *Haricot*, la *Lentille*, où il remplit toute la cavité intérieure de l'épisperme ; d'autres fois , il est enveloppé d'un corps accessoire qui fait partie de l'amande, et a reçu le nom d'Endosperme ou de Périsperme (pl. XII, fig. 8, En). Ce corps varie beaucoup dans ses caractères et surtout dans sa consistance : il est farineux dans les *Graminées*, corné dans le *Café*, oléagineux dans les *Euphorbes*, ligneux dans les *Palmiers*, etc.

Outre ces organes essentiels, on distingue quelquefois à l'extérieur de la graine des enveloppes accessoires dont elle est recouverte en tout ou en partie : telle est l'Arille (pl. XXV, fig. 8, A), expansion du funicule, qui appartient au péricarpe plutôt qu'à la graine, n'étant qu'une espèce de membrane qui lui est surappliquée.

Le Funicule (pl. XII, fig 7 et 8, F ), en s'attachant à la

graine pour aller chercher le germe, laisse à l'extérieur, sur le testa, une empreinte nommée HILE (pl. XII, fig. 7, H), et à l'intérieur, sur le tegmen, une autre appelée CHALAZE (pl. XII, fig. 7, C). Si ces deux points ne se correspondent pas directement, la saillie produite par les vaisseaux qui vont de l'un à l'autre sous les téguments se nomme RAPHÉ (pl. XII, fig. 7, R).

Dans un grand nombre de graines, on remarque de plus, à la surface des téguments, à côté du hile, une petite ouverture qu'on appelle MICROPYLE, à travers laquelle la substance nutritive du sarcocarpe s'introduit dans l'amande pour alimenter le germe.

Pour faciliter la DISSÉMINATION des graines sur toute la surface de la terre, la Providence leur a donné des formes et des organes propres à favoriser leur transport dans les contrées voisines ou éloignées de celles qui les ont vues naître. Les graines de *Chardon*, de *Pissenlit* sont placées au milieu d'un globe de léger duvet que le moindre vent soulève et porte à de grandes distances. Le *Bleuet*, la *Chicorée* ont des semences surmontées d'aigrettes ou de panaches au moyen desquelles elles voltigent dans les airs, et se dispersent dans les pays lointains. Les graines des plus grands arbres sont également volatiles : celles de l'*Érable* ont deux expansions membraneuses semblables aux ailes d'une mouche ; celles du *Cèdre* ont une seule aile beaucoup plus déliée et plus légère ; celles de la *Giroflée* ressemblent à des écailles que le vent soulève et dépose dans les fentes des murs. Il y a en Amérique un arbre, l'*Hura crepitans*, qui lance des graines avec un bruit semblable à la détonnation d'une arme à feu. Sans produire le même bruit, les cosses de la *Balsamine* projettent leurs graines fort loin, à l'aide d'une espèce de ressort qui se détend au moment de la maturité. D'autres voyagent à l'aide d'une sorte de voile enflée par l'air : ce sont les *Graminées* qui, la plupart, portent une demi-enveloppe dans laquelle le vent s'engouffre. Un grand nombre, qui n'ont ni ailes, ni voiles, ni ressort, vont souvent plus loin : les oiseaux, qui les avalent sans les digérer, vont quelquefois les semer sur les flancs des montagnes, au haut des donjons, au delà des fleuves et des mers. Les baies du *Gui*, avalées par les grives, et déposées encore toutes gluantes sur les arbres, s'attachent aux bois, y prennent racine, et de cette façon propagent ce parasite. Quelques semences encore sont munies de crochets à l'aide desquels elles s'attachent à la fourrure des animaux, aux vêtements de l'homme, et se transportent ainsi à des distances considérables. Les graines de cer-taines plantes sont façonnées de la manière la plus propre à voguer sur l'eau. La semence du *Fenouil* a la forme d'un petit bateau. Le *Noyer* a son fruit entre deux es-quifs posés l'un sur l'autre. Il en est de même des noyaux de l'*Abricot* et de ceux de plusieurs autres fruits. Enfin, la *Capucine* produit une graine plus légère que l'eau, et toute semblable à un vaisseau. Les semences qui ne sont pourvues d'aucun moyen de transport ont du moins des formes qui facilitent leur déplacement ; elles sont ou rondes, et le moindre choc les fait rouler, ou si légères que le moindre vent les pousse devant lui.

Avec des moyens de dissémination aussi multipliés, chaque plante n'aurait besoin de produire qu'un bien petit nombre de graines pour suffire à la conservation de son espèce ; cependant elles sont en général d'une fécondité surprenante. Ainsi, l'on a reconnu que d'une seule racine et en un seul été, le pavot donne 32,000 graines, le tabac 40,000 , etc. Mais la nature , en facilitant ainsi la production des végétaux, lui a , en même temps , imposé des bornes telles que les plantes de chaque espèce restent toujours à peu près en même nombre.

Beaucoup de graines périssent sans reproduction, faute de circonstances convenables. Une grande quantité sont employées à nos usages domestiques , et il n'en est presque pas qui ne servent à la nourriture des animaux.

Les graines offrent à l'homme d'abondantes ressources par leurs propriétés médicinales et leurs substances alimentaires ou utiles dans les arts. L'*huile d'œillet* vient des graines du *Pavot*, dont la capsule fournit l'*opium*. C'est de la graine de *Ricin* que l'on retire l'*huile* de *palma Christi*; celles des *Euphorbes*, du *Nerprun* du *Sapotilier*, etc., sont également employées en médecine, et tout le monde connaît l'usage que l'on fait de la graine de *Lin* à cause de ses propriétés émollientes et de son principe mucilagineux. Plusieurs autres graines, telles que celles de l'*Olivier*, de l'*Amandier*, du *Noyer*, du *Colza*, du *Chènevis*, sont également utiles, principalement pour les huiles qu'elles fournissent, soit comme aliment, soit pour les arts. Quelques graines donnent à la teinture des matières colorantes ; enfin, il n'en est presque aucune qui ne présente quelque ressource analogue à celles que l'on vient d'indiquer.

## Multiplication des végétaux par marcottage, bouture et greffe.

Les végétaux se multiplient non-seulement par semis,

mais, à l'aide du génie de l'homme, la nature présente encore divers moyens de reproduction que les horticulteurs mettent fréquemment en usage.

On rapporte à trois modes ces procédés de reproduction : 1° le MARCOTTAGE, 2° la BOUTURE, 3°, la GREFFE.

1° MARCOTTAGE. On donne ce nom à une opération par laquelle on transforme une jeune branche en un nouvel individu sans la détacher du tronc principal. Pour cela, on place un verre ou un pot de faïence ou de fer-blanc, rempli de terre, à la naissance d'un rameau dont la tige passe par un trou fait au fond du verre, en ayant soin de recouvrir quelques bourgeons, afin qu'ils produisent des racines. Pour faciliter le développement de ces racines, on fait une incision ou une forte ligature au bas de la branche. Lorsque les racines sont bien développées, on détache la branche du tronc, et on la met en terre. C'est ainsi qu'au printemps on multiplie les *Lauriers-roses*, les *Hortensias*, les *Bruyères*, les *OEillets*, etc.

2° BOUTURE. Elle diffère de la marcotte en ce que l'on détache le rameau de la plante qui le porte, avant qu'il ait poussé des racines. Pour que cette opération réussisse plus sûrement, on fait encore, à la base de la branche que l'on coupe, une ligature ou une incision, ou bien on fend longitudinalement l'extrémité qui doit être mise en terre, et l'on y place une petite éponge imbibée d'eau. Puis on a soin d'enfoncer au-dessous de la surface du sol quelques bourgeons qui se développeront en racines, et faciliteront la reprise de la bouture, que l'on fait à l'époque du mouvement de la sève.

3° GREFFE ou ENTE. Cette opération, qui a pour but

de modifier ou d'améliorer les végétaux, se fait en adaptant une branche nommée GREFFE sur un individu auquel on donne le nom de SUJET. Pour que la greffe réussisse, il faut, autant que possible, faire en sorte que son liber coïncide exactement avec celui du sujet. On prétend cependant que ce contact n'est pas absolument nécessaire ; mais une condition indispensable au succès de l'opération est l'affinité spécifique des deux individus qu'elle réunit. Ils doivent avoir de l'analogie dans leur sève et certains rapports de nature, de floraison, de maturité de fruits, etc. C'est pourqnoi le choix des plantes de même famille, et surtout de même genre, est la première garantie de succès pour cette opération toujours très-difficile, et souvent impossible entre des espèces de familles différentes. On greffe facilement le *Pécher* sur l'*Amandier*, l'*Abricotier* sur le *Prunier*, les *Poiriers* et les *Pommiers* d'espèces différentes les uns sur les autres ; mais si l'on greffait un *Pommier* sur un *Hêtre*, sur un *Marronnier d'Inde*, la greffe ne réussirait pas. On greffe ordinairement les arbres cultivés sur ceux qui ne le sont pas : le *Poirier* sur le *Sauvageon*, le *Rosier* sur l'*Eglantier*.

Il y a plusieurs manières de greffer, dont les plus usitées sont : 1° la GREFFE en FENTE ; 2° la GREFFE en ÉCUSSON ; 3° la GREFFE par APPROCHE.

1° GREFFE en FENTE. C'est la plus importante. Pour l'opérer, on coupe horizontalement le sujet auquel on fait une fente longitudinale, dans laquelle on insère le bout de la greffe taillée en coin, avec la précaution de faire correspondre les écorces. Il faut ensuite recouvrir l'insertion de la greffe avec un mastic de terre glaise pour l'abriter du contact de l'air. Quand le sujet est d'un diamètre un peu considérable, on dispose ainsi plusieurs rameaux autour de la circonférence, ce qui constitue la GREFFE en COURONNE. Ces sortes de greffes se pra-tiquent aux mois de février et de mars.

2° GREFFE en ÉCUSSON. Elle consiste à appliquer un petit écusson de jeune écorce, portant un œil au mi-lieu, et une lame mince de bois au-dessous, sur l'au-bier d'un sujet où l'on a pratiqué deux incisions perpen-diculaires l'une à l'autre, et figurant un T renversé. Après avoir introduit l'écusson dans cet espace, on ra-bat les bords de l'écorce du sujet, de manière à recou-vrir la greffe, que l'on fixe au moyen d'une ligature sou-ple, telle qu'un fil de laine, en observant de laisser au bourgeon du centre la place de sortir librement. Ce genre de greffe se fait au printemps et à l'automne. Dans le premier cas, le bourgeon pousse immédiatement ; dans le second, il ne se développe qu'après l'hiver.

3° GREFFE par APPROCHE. La manière de greffer la plus simple consiste à souder ensemble des tiges, des branches, des rameaux, ou même d'autres parties de deux végétaux. Pour cela, on enlève l'écorce des parties que l'on veut réunir, on les applique l'une sur l'autre, puis on les lie fortement, et l'on maintient cette ligature jusqu'à ce que l'adhérence des tissus soit opérée, et que la greffe puisse recevoir directement la sève du sujet. Alors on l'isole de ses racines, en la coupant au-dessous du point de l'opération. C'est ainsi que l'on peut trans-porter la tête d'un arbre sur un autre, donner plusieurs tiges ou plusieurs racines à une même tête, et obtenir des résultats fort pittoresques. Cette sorte de greffe se fait lorsque la sève est en mouvement.

Les greffes offrent des avantages réels à l'horticulture. Elles permettent de multiplier un grand nombre de plantes remarquables, qui ne peuvent se reproduire par des graines, de conserver et de rendre permanentes des variétés accidentelles, d'accélérer la fructification des végétaux, quelquefois même d'en changer le port, et de se procurer sur une même tige des fruits de plusieurs espèces, ou des fleurs de coloration différente.

## SECTION V.

### FONCTIONS DES ORGANES.

#### GERMINATION. — NUTRITION. — FRUCTIFICATION.

Après avoir examiné la composition anatomique des plantes, il est utile d'étudier rapidement un ensemble des fonctions qu'exécutent leurs différents organes, en traversant les périodes de la vie végétale.

Un végétal naît, vit, fructifie et cesse d'exister; il passe donc par trois états différents : 1° la GERMINATION, 2° la NUTRITION, 3° la FRUCTIFICATION.

### 1° Germination.

*Ses agents : Eau, Air, Chaleur. — Influence de l'électricité sur la germination. — Effet opposé de la lumière. — Circonstances favorables au développement des graines. — Durée et phénomènes de la germination.*

La GERMINATION est l'ensemble des phénomènes que présente une graine lorsque, placée dans des conditions favorables, elle se développe et produit une plante nouvelle.

Les agents indispensables de la germination sont : 1° l'EAU, 2° l'AIR, 3° la CHALEUR.

1° L'EAU est le premier élément nécessaire à la germination. Absorbée par les enveloppes de la graine, elle les ramollit, en facilite la rupture, pénètre l'endosperme, puis le germe, et fait gonfler ces parties, quelquefois jusqu'à en doubler le volume. En même temps, elle alimente la plantule, soit en lui transmettant les substances gazeuses ou solides dont elle est chargée, soit en servant de dissolvant ou de véhicule aux éléments nutritifs fournis par l'endosperme et les cotylédons.

2° L'AIR n'est pas moins utile aux plantes qu'aux animaux. Il s'introduit dans les vaisseaux dilatés de la graine, y favorise le déplacement des fluides, et contribue à la germination par l'action des éléments qui la constituent. L'oxygène qu'il contient enlève une partie du carbone de l'endosperme, ou des cotylédons charnus, puis, passé à l'état d'acide carbonique, il est chassé au dehors. Par ces diverses métamorphoses, et par cette soustraction de carbone, la fécule contenue dans les organes de la graine se transforme en une liqueur laiteuse et sucrée, très-propre à concourir à la nutrition de la nouvelle plante.

Il est certain que les graines enfouies trop profondément et privées du contact de l'air demeurent dans un véritable sommeil, et ne prennent aucun développement jusqu'à ce qu'elles soient ramenées par une cause quelconque vers la surface du sol. C'est ainsi que s'expliquent certaines apparitions spontanées sur des terrains remués fraîchement.

3° La CHALEUR n'a pas une moindre influence que l'eau et l'air sur l'évolution des organes de la graine; mais elle ne doit s'élever qu'à certains degrés, qui peuvent varier de trois à trente, pour agir comme stimulant sur les tissus végétaux. Aussi la germination devient-elle également impossible, quand la température est ou assez froide pour geler l'eau, ou assez chaude pour l'évaporer entièrement. On a reconnu que l'électricité exerce de même une vertu accélératrice très-manifeste sur tous les phénomènes de la végétation. L'expérience a prouvé, au contraire, que la lumière est loin de hâter le développement du germe, et qu'elle paraît plutôt le ralentir, puisque l'obscurité favorise souvent le développement des semences. Cela tient à ce que l'effet de la lumière sur les plantes étant la décomposition de l'acide carbonique pour y fixer le carbone, cet effet nuit probablement à la germination, où il y a soustraction de carbone et production d'acide carbonique.

Les graines germent presque toujours dans la terre, qui leur fournit l'eau, l'air et la chaleur, et où la petite plante, à l'abri des rayons lumineux, trouve un support et un appui. Le sol n'est cependant pas nécessaire à la germination, car il est des semences qui se développent dans l'air, sur du coton humecté, sur des éponges imbibées d'eau, etc.; on en voit même assez souvent qui germent dans leur propre fruit. Elles emploient plus ou moins de temps à cette évolution : les unes y mettent un seul jour, les autres plusieurs années; mais, dans celles-ci, la germination est retardée par la structure

     ## DURÉE DE LA GERMINATION.

Froment, Seigle, Millet........................... 1 jour.

Cresson alénois.............................. 2

Fève, Haricot, Pois, Lentille, Épinard.......... 3

Moutarde, Rave, Radis........................ 3

Laitue, Chicorée, Fenouil, Anet................. 4

Melon, Cerfeuil, Carotte....................... 5

Concombre, Citrouille, Betterave............... 6

Orge et beaucoup de Graminées................. 7

Salsifis, Arroche, Piment, Tomate.............. 8

Panais, Oseille, Absinthe...................... 8

Pomme de terre, Mâche, Coriandre, Chou.......... 10

Céleri, Cardon, Artichaut...................... 10

Pimprenelle, Raiponce, Fraisier................. 10

Capucine, Scorsonère.......................... 12

Angélique, Topinambour........................ 15

Rue.......................................... 25

Hysope, Groseillier, Framboisier................ 30

Persil........................................ 45

Amandier, Pêcher, Pivoine..................... 1 an.

Cornouiller, Rosier, Aubépine, Noisetier.......... 2 ans.

ligneuse de l'endocarpe, la dureté de l'épisperme ou par diverses causes extérieures qui influent ordinairement beaucoup sur la durée de leur développement [1].

Certaines substances, telles que le *chlore*, ont la propriété d'accélérer manifestement la germination. On voit des graines qui, dans l'eau, mettent trente-six heures à germer, arriver au même résultat en cinq ou six heures, lorsqu'on les jette dans une dissolution de chlore.

Dès l'instant où des circonstances favorables à la germination agissent sur les facultés organiques de la graine, elle absorbe l'humidité, se gonfle; ses téguments se rompent, et le germe, mis en mouvement, commence à prendre les apparences de la vie. La RADICULE s'allonge la première et se dirige vers l'intérieur de la terre; la PLUMULE se dresse en sens contraire et s'élève vers la superficie du sol; les COTYLÉDONS s'étalent, fournissent au nouvel être la nourriture qu'ils contiennent ou qu'ils élaborent, puis ils se flétrissent, tombent ou se détruisent. Alors la germination est achevée, et la plantule ne s'accroît plus qu'en puisant ses aliments dans le sol ou dans l'atmosphère, à l'aide de sa racine et de ses feuilles (pl. XII, fig. 10-16).

### 2° Nutrition.

*Fonctions de Nutrition : Absorption, — Circulation, Respiration, — Transpiration, — Assimilation, — Sécrétion.*

La NUTRITION des plantes est la fonction par laquelle un végétal s'incorpore les molécules nutritives puisées dans le sol ou dans l'air, et les transforme en sa propre substance. Cette fonction importante peut se décomposer en plusieurs actes : 1° l'Absorption ; 2° la Circulation ; 3" la Respiration, à laquelle se rattache la Transpiration ; 4° l'Assimilation ; 5° la Sécrétion.

1° Absorption. C'est principalement par les racines, et surtout par l'extrémité des radicelles, que les plantes absorbent dans le sol les sucs alimentaires qui leur conviennent. Les feuilles et les jeunes écorces peuvent aussi exercer cette fonction en s'emparant des matières liquides et gazeuses contenues dans l'air, et plusieurs végétaux se nourrissent presque exclusivement aux dépens de l'humidité atmosphérique, qu'ils absorbent par leurs parties aériennes.

2° Circulation. Le liquide absorbé par le végétal parcourt ensuite ses différents organes et prend le nom de *sève*. Une force d'ascension très-énergique imprimée à ce fluide le dirige de bas en haut par toutes les parties du corps ligneux, jusqu'à ce que, parvenu vers l'extrémité des branches et répandu dans les feuilles, il s'élabore, et éprouve des modifications remarquables causées par l'action de l'air et de la lumière.

Après avoir subi ces changements, la *sève élaborée* tend à redescendre vers la racine à travers les parties vivantes des couches corticales, et se répand horizontalement par les rayons médullaires jusqu'au centre de la tige. Cette sève descendante est le Cambium, qui concourt très-puissamment à l'accroissement des végétaux dicotylédonés, et forme le Latex ou Suc propre, fluide coloré ou laiteux qui circule dans des vaisseaux particuliers, et que des auteurs différents considèrent comme une sécrétion du cambium ou comme le cambium lui-même.

3º RESPIRATION et TRANSPIRATION. L'expérience a démontré que les plantes respirent comme les animaux. Les feuilles sont les organes principaux de cette fonction, qui s'opère surtout par les stomates. A la lumière solaire, les parties vertes dégagent de l'oxygène et absorbent de l'acide carbonique, et dans l'obscurité, ces mêmes parties absorbent de l'oxygène et dégagent de l'acide carbonique. Cette respiration inverse pendant le jour et pendant la nuit semblerait devoir établir une proportion égale entre le dégagement et la fixation des mêmes gaz ; mais il n'en est pas ainsi : car le végétal exhale une quantité considérable d'oxygène, tandis qu'il retient et fixe la plus grande partie du carbone inspiré, ce qui détruit la proportion et établit à l'avantage des êtres organisés une admirable compensation entre la respiration inverse des plantes et des animaux. On croit que la couleur verte des végétaux vient de la décomposition de l'acide carbonique et de la fixation du carbone. En effet, les plantes placées dans l'obscurité et privées de l'impression de la lumière s'étiolent, ou deviennent grêles, aqueuses, pâlissent et se décolorent complétement.

Lorsque la sève est montée dans les tiges, c'est encore par les feuilles que le végétal rejette la plus grande partie des liquides dont il s'est approprié les substances nutritives. Cette exhalaison aqueuse, que l'on appelle TRANSPIRATION, est toujours en raison directe de la vigueur du végétal, ainsi que de la sécheresse et de la chaleur de l'atmosphère, et favorise d'autant mieux la nutrition qu'elle est en rapport plus approximatif avec l'absorption. La Providence a pris soin d'établir ce rapport : les plantes des vallées humides, qui absorbent beaucoup, portent ordinairement des feuilles à larges surfaces pour l'évaporation, tandis qu'il en est tout autrement des végétaux montagneux ou destinés à vivre dans des lieux arides.

4° ASSIMILATION. Les fluides nutritifs, organisés par l'influence de la lumière, ayant parcouru les différents tissus, ont distribué à chacun les matériaux nécessaires à son accroissement. Ces matériaux, apportés par la circulation, deviennent bientôt semblables aux substances propres du végétal, qui s'incorpore en quelque sorte, dans toutes ses parties, ces particules additionnelles, lesquelles augmentent ses dimensions et ses organes; c'est l'ASSIMILATION.

Les phénomènes de cette fonction varient avec les mouvements annuels de la sève, subordonnés eux-mêmes aux différentes saisons. C'est au printemps que le travail vital s'exécute le plus vigoureusement; la marche de la sève se ralentit ensuite jusqu'à la fin de l'été, où souvent il s'opère un second mouvement, ce qu'on nomme la SÈVE D'AOUT; puis le mouvement languit pendant l'automne; enfin, l'hiver, il paraît y avoir suspension de la vie et repos complet pour les végétaux de nos climats.

5° SÉCRÉTION. Outre les molécules transformées en la substance des plantes par l'assimilation, il se sépare du fluide nourricier certaines matières qui sont élaborées par des organes particuliers et forment des produits très-variés, ce que l'on désigne sous le nom de SÉCRÉTION. La plupart de ces matières sont rejetées au dehors, et forment ce que l'on nomme les Excrétions ou Déjections. Ces substances, de nature très-différente, sont des sucs plus ou moins épais ou fluides, tels que des *huiles volatiles*, qui s'évaporent dans l'atmosphère, et produisent les odeurs des plantes ; des matières sucrées, comme la *manne* ; de la *cire*, des *résines*, des *gommes*, du *caoutchouc*, etc. On rapporte encore aux excrétions végétales la poussière glauque qui couvre, dans certaines plantes, la surface des tiges, des feuilles et même des fruits.

### 3° Fructification.

*Périodes de la Fructification : Floraison, — Fécondation, — Maturation.*

Par Fructification on entend la série des transformations qui ont pour résultat la production du fruit ; fonction collective qui commence au moment de l'anthèse ou épanouissement de la fleur, et se termine à l'époque de la maturité des graines. Elle peut se diviser en trois périodes : 1° l'Anthèse ou Floraison, 2° la Fécondation, 3° la Maturation.

1° Floraison. On donne ce nom à la réunion des phénomènes qui ont lieu au moment où les parties d'une fleur, ayant acquis leur entier développement, s'ouvrent, s'écartent et s'épanouissent.

Toutes les plantes ne fleurissent ni au même âge de leur vie, ni à la même époque de l'année, ni aux mêmes heures du jour. Il existe à cet égard de très-grandes différences, qui tiennent à la nature de la plante, à sa position géographique ou aux influences de l'atmosphère. La plupart des plantes herbacées donnent des fleurs la première année, tandis qu'un grand nombre d'arbustes n'en portent qu'après trois ou quatre ans. On distingue des fleurs PRINTANIÈRES, ESTIVALES, AUTOMNALES, HIVERNALES, selon la saison où elles se développent. Les unes s'ouvrent le matin, d'autres à midi, quelques-unes le soir et même la nuit ; on a remarqué qu'un certain nombre s'épanouissent d'une manière assez réglée dans le même mois et aux mêmes heures : c'est ce qui a donné à Linné la pensée de son CALENDRIER et de son HORLOGE DE FLORE, sujets, il est vrai, à plusieurs variations, mais dont les tableaux, modifiés pour les plantes de notre climat, pourront être de quelque utilité pour étudier la floraison annuelle d'une partie de la France [2].

La floraison n'a lieu qu'une fois par an dans nos régions, à moins que l'année ne soit très-précoce et que des pluies douces, mêlées à la chaleur, ne provoquent un changement dans l'ordre habituel. Pour les climats chauds, la floraison est double ; elle n'est presque jamais interrompue dans la zone torride. Tantôt elle précède les feuilles, comme dans l'*Orme ;* le plus souvent elle les suit, comme dans les *Rosiers ;* quelquefois elle n'a lieu que longtemps après, comme dans les *Asters.* La durée des fleurs est aussi très-variable : il en est qui persistent quelques semaines ; d'autres, au contraire, naissent et meurent dans la même journée, et prennent pour cette raison le nom de fleurs ÉPHÉMÈRES.

2° FÉCONDATION. C'est la fonction par laquelle le pollen des anthères se répand sur le stigmate du pistil,

### JANVIER.

Peuplier blanc.
Perce-neige.

### FÉVRIER.

Lauréole.
Noisetier.
Anémone hépatique.

### MARS.

Violette.
Narcisse.
Primevère.
Giroflée jaune.

### AVRIL.

Tulipe.
Impériale.
Petite Pervenche.
Jacinthe.
Lilas.

### MAI.

Muguet.
Filipendule.
Iris.
Pivoine.

### JUIN.

Bleuet.
Nielle des blés.
Pied d'Alouette.
Nénuphar.
Pavot.

### JUILLET.

Menthe.
OEillet.
Catalpa.
Laurier-rose.
Chicorée sauvage.

### AOUT.

Scabieuse.
Balsamine.
Thym.
Myrte.
Magnolia.

### SEPTEMBRE.

Cyclamen d'Europe.
Réséda.
Colchique d'automne.
Lierre.
Amaryllis jaune.

### OCTOBRE.

Chrysanthème des Indes.
Topinambour.
Aralie épineuse.

### NOVEMBRE.

Verveine.
Ephémérine.
Anémone du Japon.

### DÉCEMBRE.

Rose de Noël.
Thlaspi d'hiver.

## HORLOGE DE FLORE.

1 heure, Laiteron de Laponie.
2 heures, Salsifis.
3 — Grande Picridie.
4 — Liseron des haies.
5 — Crépide des toits.
6 — Scorsonère.
7 — Nénuphar.
8 — Mouron des champs.
9 — Souci des champs.
10 — Ficoïde napolitaine.
11 — Ornithogale ou Dame d'onze heures.
Midi, Glaciale.

1 heure, OEillet prolifère.
2 heures, Crépide rouge.
3 — Barkausie à feuilles de Pissenlit.
4 — Alysse alyssoïde.
5 — Belle-de-nuit.
6 — Géranium triste.
7 — Hémérocalle safranée.
8 — Ficoïde nocturne.
9 — Nyctanthe du Malabar.
10 — Liseron à fleur pourpre.
11 — Silène noctiflore.
Minuit, Cactus à grandes fleurs.

pour aller de là porter la vie aux rudiments des graines contenues dans l'ovaire. Lorsque les étamines et les pistils sont réunis dans une même fleur, la chute du pollen sur le stigmate a lieu naturellement ; mais dans les plantes où les organes reproducteurs sont séparés sur un même pied, ou sur des pieds différents, cette opération se fait à des distances considérables, soit par les vents qui enlèvent le pollen, soit par les insectes qui vont déposer sur les fleurs à pistils la poussière qu'ils ont recueillie sur les fleurs à étamines. Le transport du pollen au moyen de l'air a lieu, non-seulement pour les plantes terrestres, mais encore pour les plantes aquatiques, qui, presque toutes, fleurissent à la surface de l'eau et redescendent au fond pour y mûrir leur fruit. La *Vallisnérie*, qui croît principalement dans le Rhône, offre un exemple frappant de ce phénomène. Il est d'ailleurs, pour le transport du pollen, des procédés si simples, qu'ils ont été mis en pratique très-anciennement en Égypte et dans les autres parties de l'Afrique où il se cultive grand nombre de dattiers : on secoue des régimes de fleurs à étamines sur les individus dont les fleurs ne renferment que des pistils, et ce moyen d'y répandre le pollen a un succès constant. Aussi rapporte-t-on que pendant la campagne d'Egypte cette pratique n'ayant pu être mise en usage à cause des hostilités continuelles, la récolte des dattiers fut absolument nulle. On connaît l'histoire de ce palmier de Berlin auquel on fit porter des fruits à l'aide de quelques graines de pollen envoyées dans une lettre.

3° On nomme MATURATION les changements qui s'opèrent dans les organes de l'ovaire parvenu à l'état de fruit ; ces changements indépendants de la végétation sont dus seulement à la sécrétion des principes élémentaires du péricarpe et de la graine.

Les péricarpes, qui, au commencement de leur existence, présentaient chacun la forme et l'apparence d'une feuille, se sont peu à peu modifiés, les uns en se desséchant, les autres en devenant épais et charnus. Lorsque ces derniers approchent de la maturité, ils cessent de dégager de l'oxygène comme les parties vertes, prennent un grand développement cellulaire, et acquièrent, selon l'espèce, un volume proportionné à la quantité de sève qu'ils reçoivent et qu'ils retiennent presque totalement. Ce fluide nutritif est forcé de demeurer dans le fruit à cause de la difficulté qu'il éprouve de redescendre par les pédoncules et de la diminution graduelle de l'évaporation à mesure que l'époque de la maturité approche. Si les parties liquides de la sève fixées dans le fruit restent à l'état aqueux, il grossit beaucoup, mais il manque de saveur, comme on l'observe dans les étés trop humides ; au contraire, l'expérience démontre que la chaleur en s'élaborant ou en transformant les éléments du péricarpe, lui communique un goût sucré et une saveur plus ou moins aromatique.

L'époque de la maturité pour les fruits qui s'ouvrent d'eux-mêmes est celle qui précède la déhiscence. Pour les fruits indéhiscents et charnus, on en juge par le degré de saveur qu'ils offrent, et au delà duquel ils ne peuvent que se détériorer.

Personne n'ignore, par exemple, que dans une pomme, une poire et une nèfle, la maturité ne s'accomplit pas de même. Mais, quelles que soient alors les différences des fruits, la maturation de la graine a dû marcher parallèlement avec celle du péricarpe. Lors donc que celui-ci est à son dernier état de perfection, ou il s'ouvre pour répandre les semences à la surface de la terre, ou il sera aidé dans cette opération par des causes étrangères ; cet instant de la dissémination marque le temps de la vie des plantes annuelles et la suspension de la végétation dans les plantes vivaces.

On voit périr ainsi successivement les divers organes des végétaux dès qu'ils ont rempli les fonctions pour lesquelles ils étaient formés : les cotylédons meurent dès que la jeune plante peut se passer du premier aliment qu'ils lui fournissent. Les écailles qui garantissent les bourgeons des froids de l'hiver tombent au printemps. La chute des feuilles a lieu en automne, dès que l'arbre a donné son fruit, parce que la plante n'a plus besoin d'une nourriture abondante pendant l'hiver où elle ne produit rien. Les organes accessoires, tels que les BRACTÉES, les STIPULES, n'ont qu'une durée limitée par les fonctions qu'ils remplissent. Les fleurs ne font, pour ainsi dire, que paraître ; enfin, le végétal entier cesse d'exister, et, malgré cette force végétative qui donne à plusieurs arbres connus le pouvoir de traverser les siècles, ils trouvent enfin le terme de leur existence, ainsi que tous les êtres de la nature, dont l'auteur seul s'est réservé l'immortalité.

# DEUXIÈME PARTIE.

## CLASSIFICATION DES VÉGÉTAUX.

On connaît en botanique plus de quatre-vingt mille espèces de plantes. Or, il serait impossible de les distinguer facilement si les méthodes de classification ne venaient au secours des botanistes.

Les trois principales MÉTHODES de classification sont: 1º la méthode de **Tournefort**, fondée sur les tiges LIGNEUSES OU HERBACÉES, le nombre des pétales et la forme des corolles; 2º celle de **Linné**, basée sur le nombre, l'insertion et la séparation des ÉTAMINES; 3º celle de **Jussieu**, fondée sur le nombre des feuilles séminales appelées COTYLÉDONS, sur celui des pétales et sur la position des étamines. Cette dernière méthode est aujourd'hui généralement adoptée.

La méthode de Jussieu, que nous suivons, consiste à diviser les végétaux en FAMILLES NATURELLES, c'est-à-dire, en groupes qui se ressemblent par un grand nombre de points communs, tels que les *Graminées*, les *Labiées*, les *Crucifères*, etc. Cette méthode comprend trois

GRANDES DIVISIONS, subdivisées en quinze CLASSES; chaque classe se compose d'un certain nombre d'ORDRES ou FAMILLES NATURELLES; chaque famille est partagée en un certain nombre d'ESPÈCES, et ces espèces en INDIVIDUS.

Les trois premières divisions des végétaux reposent, d'après Jussieu, sur la structure du germe. Le germe n'a POINT de COTYLÉDON, ou il en a UN, ou il en a DEUX. De là, les trois grandes divisions des plantes : ACOTYLÉDONÉES (sans cotylédons ou dépourvues de semences), MONOCOTYLÉDONÉES (dont la semence n'a qu'un seul cotylédon) et DICOTYLÉDONÉES (dont la semence a deux cotylédons).

Les plantes acotylédonées, telles que les *Algues*, les *Champignons*, etc., forment la première classe de cette méthode. Les monocotylédonées et les dicotylédonées sont subdivisées en beaucoup d'autres classes, d'après l'INSERTION ou la POSITION relative des étamines, la PRÉSENCE, l'ABSENCE ou la FORME de la corolle. Les monocotylédonées n'ont pas de corolle proprement dite; elles ont un PÉRIANTHE simple, appelé PÉRIGONE, considéré comme un calice. Ces monocototylédonées forment trois classes, d'après les trois modes divers d'insertion des étamines, qui peuvent être : 1º HYPOGYNES (pl. XIV, fig. 4), c'est-à-dire insérées sous l'ovaire; ex. : les *Graminées*; 2º PÉRIGYNES ( pl. XV, fig. 5), ou dispersées autour du pistil; ex. : les *Liliacées*; 3º ÉPIGYNES (pl. XVI, fig. 3), ou implantées sur l'ovaire; ex. : les *Narcissées* et les *Orchidées*. Les dicotylédonées ont été divisées en APÉTALES, ou sans corolle, en MONOPÉTALES et en POLYPÉTALES, suivant qu'elles ont une corolle d'une seule pièce ou de plusieurs pièces; puis chacune de ces sections a été partagée en classes, d'après l'insertion des étamines ou de la corolle elle-même, lorsqu'elle est monopétale, parce qu'alors elle porte les étamines; seulement, afin d'éviter la confusion, on a donné à ces classes des noms particuliers, comme on peut le voir dans le tableau de classification [3]. Ainsi les DICOTYLÉDONÉES APÉTALES donnent trois classes : 1º les APÉTALES A ÉTAMINES ÉPIGYNES, ex. : les *Aristoloches*; 2º les

[3]

# CLASSIFICATION DES VÉGÉTAUX (1).

## MÉTHODE DE JUSSIEU.

| | | | |
|---|---|---|---|
| **PLANTES.** | Acotylédonées.............................. | Acotylédonie................... | 1 |
| | Monocotylédonées.................... | Monohypogynie............... | 2 |
| | | Monopérigynie................ | 3 |
| | | Monoépigynie................. | 4 |
| | *Apétales*............. | Epistaminie................... | 5 |
| | | Péristaminie.................. | 6 |
| | | Hypostaminie................ | 7 |
| | *Monopétales*........... | Hypocorollie................. | 8 |
| | | Péricorollie.................. | 9 |
| | Dicotylédonées..... | Epicorollie.. { Synanthérie.... | 10 |
| | | Corysanthérie.. | 11 |
| | *Polypétales*........... | Epipétalie.................... | 12 |
| | | Hypopétalie.................. | 13 |
| | | Péripétalie................... | 14 |
| | *Diclines*.............. | Diclinie..................... | 15 |

(1) Les élèves devront faire des exercices pour compléter ce tableau, en y ajoutant, comme subdivisions des classes, les *familles* principales et les *espèces* importantes des différents genres.

Apétales a étamines périgynes, ex. : les *Polygonées*; 3° les Apétales a étamines hypogynes, ex. : les *Plantaginées*. Les Dicotylédonées monopétales constituent également trois classes, suivant que leur corolle staminifère est hypogyne, périgyne ou épigyne. La dernière de ces classes, offrant encore une subdivision, suivant que les anthères sont libres ou réunies, fait monter à quatre le nombre des classes dans les corolles monopétales : 1° les Monopétales a étamines hypogynes, ex. : les *Labiées*; 2° les Monopétales a étamines périgynes, ex. : les *Campanulacées*; 3° les Monopétales a étamines épigynes et à anthères réunies, ex. : les *Synanthérées*; 4° les Monopétales a étamines épigynes et à anthères libres, ex. : les *Dipsacées*. Les Dicotylédonées polypétales fournissent également trois classes, d'après les insertions des étamines : 1° les Polypétales a étamines épigynes, ex. : les *Ombellifères*; 2° les Polypétales a étamines hypogynes, ex. : les *Renonculacées*; 3° les Polypétales a étamines périgynes, ex. : les *Rosacées* et les *Légumineuses*. Enfin, dans une dernière classe sont rangées toutes les plantes dicotylédonées dont les fleurs sont presque toujours essentiellement unisexuelles et séparées sur des pieds différents. Jussieu leur donne le nom de Diclines, par opposition à celui de Monoclines, qu'il donne aux plantes à fleurs hermaphrodites. Cette classe renferme, du reste, des végétaux dont les caractères sont tellement irréguliers comparativement aux autres, que plusieurs botanistes modernes lui ont donné le nom d'Anomalie.

# PREMIÈRE GRANDE DIVISION.

## PLANTES ACOTYLÉDONÉES.

Les végétaux contenus dans cette division ne présentent pas d'organes apparents de fructification semblables aux étamines et aux pistils, c'est ce qui leur a fait donner par Linné le nom de Cryptogames. Quoiqu'ils ne se reproduisent pas par des graines, tous néanmoins sont pourvus de corpuscules qui servent à multiplier les espèces (pl. XIII, fig. 2 et 9.) La première grande division ne forme qu'une seule classe, l'ACOTYLÉDONIE.

# PREMIÈRE CLASSE.

## ACOTYLÉDONIE.

*Pas de cotylédons ni d'organes apparents.*

Les principales familles que renferme cette classe sont : 1° les **Algues**, 2° les **Champignons**, 3° les **Lichénées**, 4° les **Fougères**.

## 1<sup>re</sup> famille : Algues.

Plantes AQUATIQUES d'une organisation très-simple, se présentant sous forme de filaments, de tubes, de lames, etc., de couleur verdâtre ou rougeâtre, ne consistant quelquefois qu'en une masse gélatiforme, et se fixant souvent aux rochers par leur base élargie ou divisée en griffe. Les organes de la fructification sont placés, lorsqu'ils existent, soit à l'intérieur, soit à l'extérieur de la plante ( pl. XIII, fig. 1 et 2) (1).

C'est dans cette grande famille que l'on observe les espèces qui forment, en quelque sorte, le passage entre les végétaux et les animaux. Beaucoup d'entre elles sont douées de mouvements spontanés et variés, et jouissent de la propriété de reprendre l'apparence de la vie après qu'elles ont été desséchées. Les unes vivent dans les eaux douces, les autres dans la mer ; aussi ces plantes présentent-elles souvent dans leur composition les principes inorganiques contenus dans les eaux.

(1) Il ne faut pas être trop rigoureux ni trop positif pour l'application des caractères des végétaux, indiqués ici d'une manière très-générale, et sujets dans chaque genre et même dans chaque espèce à une infinité de variations.

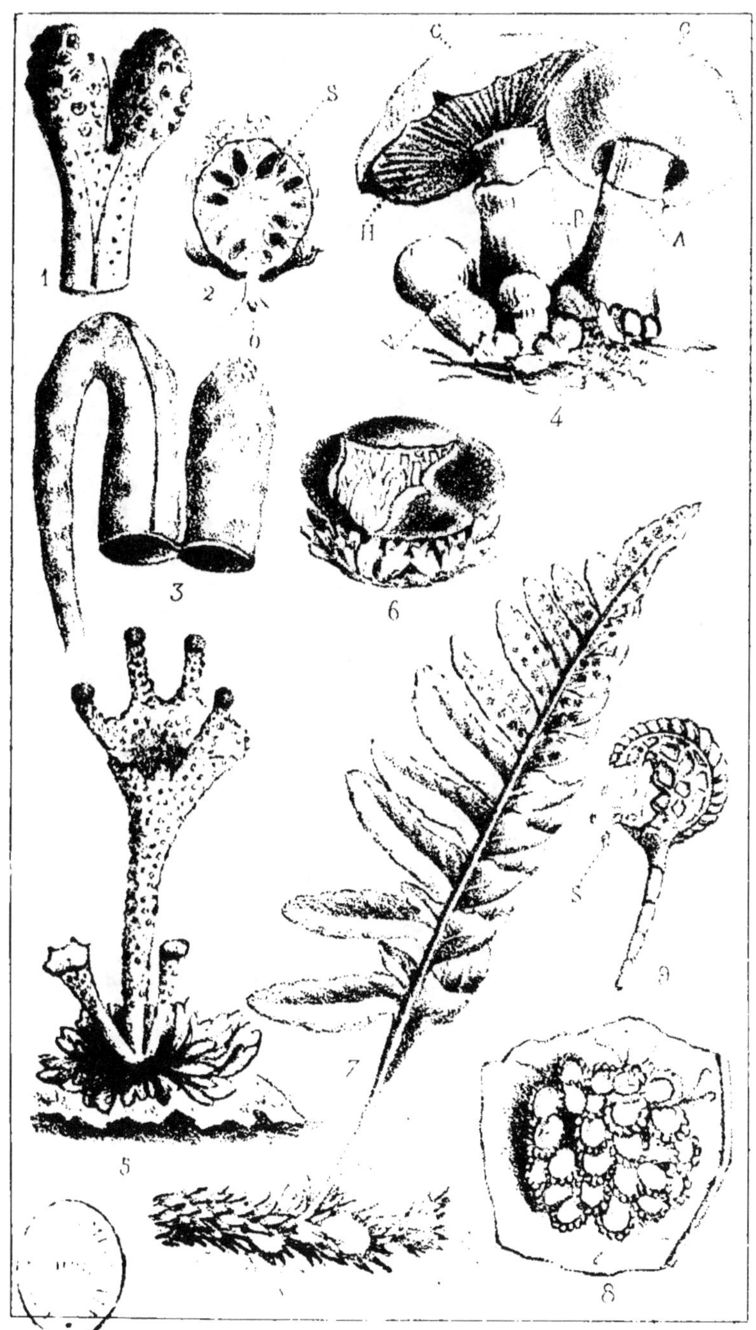

**Principaux genres.** 1º Les CONFERVES, ou algues des eaux douces, plantes gélatineuses ou filamenteuses, dont quelques-unes ressemblent à de gros crins de cheval. 2º Les THALASSIOPHYTES, ou algues marines, parmi lesquelles on distingue : 1º les ULVES, plantes de consistance herbacée, de couleur verte, formant diverses expansions dans l'intérieur desquelles les corps reproducteurs sont épars. La plupart habitent la mer, et quelques espèces se montrent aussi dans les eaux douces ; telle est l'ULVE INTESTINALE (*Ulva intestinalis*, pl. XIII, fig. 3), qui croît à la fois dans les ruisseaux et dans la mer ; 2º les VARECS ou FUCUS, communs sur les côtes océaniques. Ce sont des plantes cartilagineuses ou coriaces, de couleur vert olivâtre, et même pourpre dans la jeunesse, qui tiennent aux rochers sur lesquels elles s'étendent et se fixent. Les cendres des varecs donnent de la *soude*, et en même temps de l'*iode*, substance dont la médecine moderne fait usage. Le VAREC VERMIFUGE (*Fucus helminthocorton*) fournit aussi le médicament connu sous le nom de *mousse de Corse* ou de *coralline*.

## 2ᵉ F. Champignons.

Plantes parasites qui croissent à terre dans les lieux humides, sur le tronc des arbres et sur les matières animales en décomposition. Ils ont une consistance charnue, coriace ou gélatineuse, et des formes très-variées. La partie supérieure s'appelle le CHAPEAU, et le pied qui le supporte prend le nom de STIPE ou de PÉDICULE. Avant leur développement, plusieurs champignons sont renfermés dans une espèce de bourse nommée VOLVA. Les organes de la fructification consistent en SPORULES placées dans l'intérieur de la plante, ou étendues à sa surface sur une membrane appelée HYMENIUM (pl. XIII, fig. 4).

Le tissu des CHAMPIGNONS est une sorte de feutre composé de cellules unies bout à bout. Il résulte de cette composition qu'ils croissent extrêmement vite, et qu'après une très-courte existence, ils se décomposent rapidement, avec des phénomènes et des produits analogues à ceux que l'on observe dans les matières animales. Plusieurs espèces déploient des couleurs très-brillantes , mais presque jamais vertes, et se colorent aussi bien dans l'obscurité qu'à la lumière. Ils vicient l'air , dont ils absorbent l'oxygène pour former et exhaler une égale quantité d'acide carbonique. Enfin , personne n'ignore que, si quelques-uns offrent des mets recherchés, la plupart sont des poisons extrêmement dangereux. Malheureusement il est fort difficile de distinguer les champignons comestibles des vénéneux. Généralement les premiers ont une odeur et une saveur agréables, une consistance charnue , ferme et sèche , une coloration simple et sans éclat ; les seconds, au contraire, ont une odeur fade, une saveur désagréable, une consistance mollasse ou fibreuse, une vive coloration , et une surface humide. Cependant ces caractères ne se présentent pas toujours d'une manière bien certaine , et l'on doit apporter d'autant plus de prudence à l'usage de cet aliment, que l'expérience n'est pas toujours décisive, et que la manière de préparer les champignons peut entrer pour beaucoup dans les effets qu'ils produisent quelquefois.

**P. G.** 1° Les AGARICS , champignons en forme de parasol, dont le chapeau est garni en dessous de feuillets rayonnants. L'AGARIC COMESTIBLE (*Agaricus campestris,* pl. XIII, fig. 4) est le champignon de couche : il croît en abondance aux environs de Paris. L'AGARIC MOUSSERON

(*Agaricus musseron*), fort petit, et souvent entouré de mousse, est d'une odeur et d'une saveur agréables. 2° Les AMANITES, qui diffèrent des précédents, en ce qu'ils sont enveloppés d'un volva dans leur jeunesse. Ce genre donne l'ORONGE VRAIE (*Amanita aurantiaca*) et la FAUSSE ORONGE (*Amanita muscaria*). Ces espèces sont très-communes dans nos bois et abondent dans le midi de la France. 3° Les BOLETS, dont le chapeau est garni en dessous de tubes serrés et perpendiculaires. C'est avec le BOLET AMADOUVIER (*Agaricus chirurgicorum*), qui croît sur le chêne, le pommier, etc., que l'on prépare l'*amadou*. 4° Les MORILLES, champignons comestibles, roux, spongieux et percés de plusieurs trous : l'espèce la plus connue est la MORILLE COMMUNE (*Morchella esculenta*). 5° Les LYCOPERDONS, qui s'ouvrent d'eux-mêmes à la maturité pour laisser échapper l'espèce de poussière qu'ils contiennent. Le LYCOPERDON EN FORME D'OUTRE (*Lycoperdon utriforme*), se trouve à la surface du sol dans toute la France. 6° Les TRUFFES, champignons charnus, irrégulièrement arrondis, tuberculeux et marbrés ou veinés dans l'intérieur. La TRUFFE COMESTIBLE (*Tuber cibarium*) en est la principale espèce. Les truffes du Limousin sont très-renommées ; elles ne viennent que sous terre. On emploie à leur recherche les cochons qui en sont très-friands.

### 3ᵉ F. Lichénées.

Plantes sèches et coriaces qui vivent sur l'écorce des arbres, su la terre humide ou sur les rochers les plus stériles. Elles se présentent sous la forme de croûtes membraneuses d'apparence foliacée, et quelquefois de simple poussière; et se reproduisent au moyen de sporules appelées APOTHÉCIONS, renfermées dans des sortes de réceptacles en forme d'écusson (Pl. XIII, fig. 5 et 6).

Les Lichens fournissent aux arts des espèces employées en teinture ; d'autres ont des propriétés médicinales, quelques-uns même offrent des ressources alimentaires aux habitants de plusieurs régions septentrionales, spécialement aux Islandais, qui les mêlent à leur farine, après les avoir lavés, séchés et réduits en poudre.

**Pr. esp.** 1° Le Lichen d'Islande (*Cetraria islandica*), qui constitue la *pâte de lichen*. Il est doué d'un principe amer, et employé comme tonique. 2° Le Lichen pulmonaire (*Sticta pulmonacea*), même propriété et même emploi. Ce dernier croît sur l'écorce du chêne. 3° Le Lichen pyxide (*Scyphophorus pyxidatus*, pl. XIII, fig. 5), commun aux environs de Paris, surtout du côté de Meudon, où il abonde sur les murs en ruine et sur les rochers.

## 4ᵉ F. Fougères.

Plantes herbacées dans nos climats, et souvent arborescentes dans les régions tropicales, où elles s'élèvent à la manière des palmiers. Leur tige, souterraine dans nos contrées, atteint dans les pays chauds une grande hauteur. Les feuiles, nommées Frondes, sont alternes, profondément découpées à la manière des plumes, et roulées en crosse avant leur entier développement. Les organes de la fructification consistent en petites sporules nues, renfermées dans des capsules nommées Sores, elles souvent réunies en grappes et plus ordinairement placées à la face inférieure des feuilles (pl. XIII, fig. 7, 8 et 9).

Les feuilles de la plupart des Fougères sont employées comme litière ou comme fourrage pour les bestiaux. La racine de ces plantes, qui ont toutes des propriétés médicinales, contient un principe amer ou astringent. La n'en connaît pas moins de quinze cents espèces, dont un fort petit nombre sont indigènes.

**Pr. esp.** 1° La Fougère commune (*Pteris aquilina*), dont la tige, coupée transversalement, présente confusément la figure d'un aigle à deux têtes, singularité qui lui a fait donner son nom (*Aquila*, Aigle). 2° Le Polypode commun ou Polypode de chène (*Polypodium vulgare*, pl. XIII, fig. 7), qui croît par touffes, principalement sur le tronc des arbres. 3° L'Osmonde royale (*Osmunda regalis*), ou Fougère fleurie qui se trouve dans une grande partie de la France. 4° La Scolopendre officinale (*Asplenium scolopendrium*), vulgairement Langue de cerf, qui croît dans les puits, les fentes des rochers, et dans les lieux humides et couverts. 5° La Doradille, Capillaire noir (*Aspl. Adianthum nigrum*), que l'on voit dans les haies et sur les vieux murs. 6° L'Adianthe capillaire de Montpellier (*Ad. capillus veneris*), ou Cheveux de Vénus, dont on fait un sirop pectoral très-usité.

La première classe contient encore entre autres familles :

1° Les **Mousses**, petites plantes à tiges garnies de feuilles éparses ou imbriquées, qui croissent par groupes sur la terre, les arbres, les vieux murs.

2° Les **Hépatiques**, qui en général ressemblent aux mousses.

3° Les **Équisétacées** ou **Prêles**, plantes marécageuses, nommées vulgairement **Queues de cheval**. Elles sont imprégnées de silice, ce qui les rend propres à polir le bois et même les métaux.

# DEUXIÈME GRANDE DIVISION.

## PLANTES MONOCOTYLÉDONÉES.

Les Monocotylédonés comprennent toutes les plantes pourvues d'étamines et de pistils, et dont les graines se développent avec une seule feuille séminale (pl. XII, fig. 14). Cette deuxième division renferme trois classes, formées d'après les trois modes d'insertion des étamines indiqués dans l'exposé de la classification.

## DEUXIÈME CLASSE.

### MONOHYPOGYNIE.

*Germe monocotylédoné. Point de corolle. Étamines insérées sous le pistil.*

Cette classe renferme deux familles principales : 1° les **Aroïdées,** 2° les **Graminées.**

## 1ʳᵉ F. Aroïdées.

Plantes herbacées, vivaces, à rhizome ordinairement tuberculeux; à feuilles alternes ou toutes radicales, engaînantes à leur base ; fleurs portées sur un spadice le plus souvent renfermé dans une spathe , anthères à deux loges, rarement à une; ovaire à une loge, rarement trois; fruit ordinairement bacciforme, rarement capsulaire; graine à endosperme charnu.

Les Aroïdées contiennent principalement dans leurs tubercules un suc blanc, âcre et caustique, mais volatil. Leurs racines renferment en outre une fécule très-abon-

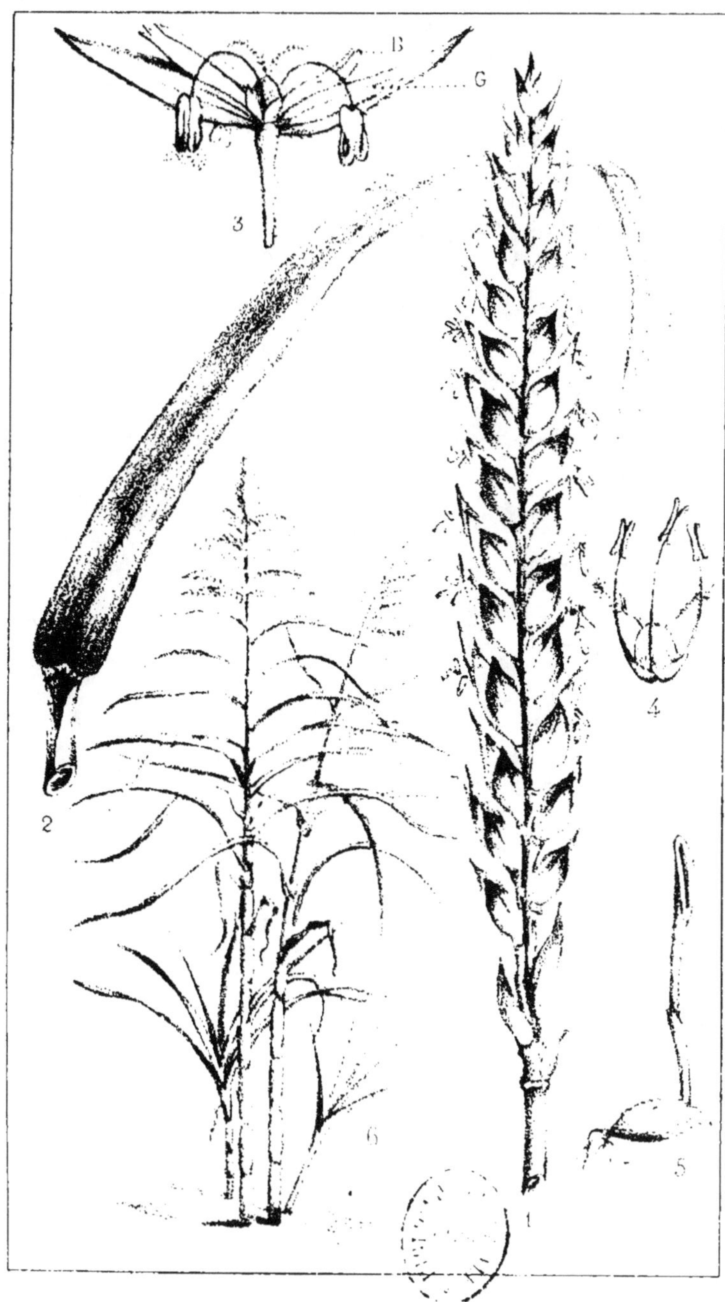

B
G
3
2
4
5
6
1

dante, qui, débarrassée de son suc vénéneux, devient alimentaire et très-nutritive. En général, ces plantes exhalent une odeur désagréable, et ne sont remarquables que par la forme de leur spathe roulée en cornet, et par la couleur et la disposition de leurs fruits réunis en épi sur le spadice, ou réceptacle central, lequel s'échauffe sensiblement au moment de la floraison.

**Pr. esp.** 1° L'Arum maculé (*Arum maculatum*), employé en médecine, et commun dans les lieux ombragés et humides. 2° L'Ar. serpentaire (*Ar. dracunculus*), ainsi nommé à cause de sa tige marbrée comme la peau d'un serpent. 3° Le Caladion odorant (*Caladium odoratum*) de l'Inde, à fleurs d'un blanc verdâtre, répandant une odeur très-forte. 4° Le Calla d'Éthiopie (*Calla œthiopica*), aux fleurs solitaires, blanches, évasées en cornet, exhalant de même une odeur assez forte.

## 2ᵉ F. Graminées.

Plantes herbacées, annuelles ou vivaces; port caractéristique; tige en chaume fistuleux et noueux; feuilles alternes et engaînantes; fleurs en épis ou panicules; calice double, l'extérieur ou Glume, ordinairement à deux valves ou écailles; l'intérieur ou Balle, de même; l'un et l'autre calice parfois surmontés d'arêtes; trois étamines, rarement plus ou moins; ovaire supère, uniloculaire, monosperme; un ou deux styles; une graine nue au fond de chaque fleur (pl. XIV).

Les plantes de cette famille, une des plus nombreuses du règne végétal, ont une physionomie qui les fait distinguer sans peine de toutes les autres. Elles fournissent à l'homme les céréales, et à nos troupeaux leur pâturage. On ne sait rien de certain sur la patrie de la plupart des Graminées, qui abondent dans presque toutes les contrées de notre hémisphère. L'avoine et l'orge sont cultivées surtout dans le Nord, le seigle et le froment dans les climats tempérés, le maïs en Amérique, et le riz en Asie.

**Pr. esp.** 1° Le FROMENT ou BLÉ CULTIVÉ (*Triticum sativum*, pl. XIV, fig. 1), type de cette famille, est la première des CÉRÉALES et le meilleur de tous les grains. Il porte sur ses longues tiges des épis dont les graines ovales sont émoussées à leur extrémité, convexes d'un côté et sillonnées de l'autre. Le blé se sème ordinairement en automne, reste en herbe pendant tout l'hiver; au printemps, le chaume s'élève; puis, au troisième ou quatrième mois, sort l'épi, qui contient de petites gousses où la graine est renfermée. Sa farine donne le meilleur pain, et son enveloppe extérieure, qui s'appelle *son*, fait la base de la nourriture de la plupart des animaux domestiques.

On connaît plusieurs sortes de froment, qui ne sont que des variétés occasionnées par la différence des climats ou de la culture.

Le FROMENT RAMPANT (*Triticum repens*), connu sous le nom de CHIENDENT, remarquable par ses racines longues et rampantes qui se propagent avec une rapidité extraordinaire, est souvent employé pour faire des tisanes.

L'IVRAIE (*Lolium temulentum*), qui croît ordinairement parmi les blés, a une tige plus grosse que celle du froment, et il sort de sa cime un épi long, dont les épillets, parallèles à l'axe qui est denté, renferment plusieurs grains amoncelés et couverts d'une bourre assez forte.

2° Le SEIGLE (*Secale cereale*), dont l'épi, allongé et

barbu, très-droit pendant la floraison, se baisse sensiblement lorsqu'il approche de la maturité. Ses graines sont oblongues et presque cylindriques. Sa farine donne un pain gras et rafraîchissant ; mêlée avec le miel, elle forme le *pain d'épice*. Le seigle sert encore généralement à préparer l'*eau-de-vie de grains*.

3° L'Orge (*Hordeum vulgare*), dont la tige est plus basse et plus frêle que celle du froment, le grain gros du milieu, et l'épi barbu et piquant. Ce grain, ainsi que le seigle et l'avoine, fait la base de la nourriture du pauvre dans les pays du Nord, où le froment ne peut réussir. L'orge est *mondée*, quand elle est privée de sa première pellicule ; *perlée*, quand elle est dépouillée de tous ses téguments et arrondie par une action mécanique. Jointe au houblon, cette graminée sert communément à la fabrication de la *bière*.

4° L'Avoine (*Avena sativa*), qui est longue et menue. Elle croît sur un chaume élevé et terminé par une panicule où la graine est suspendue par de petits filets déliés, fort éloignés les uns des autres, qui penchent vers la terre en forme de petites sonnettes. En France l'avoine sert généralement à la nourriture des animaux domestiques et particulièrement des chevaux. Les Bas-Bretons font une bouillie avec la farine de ce grain. Écorcé et arrondi, il donne aussi du *gruau*, dont on fait des bouillies légères et des tisanes adoucissantes.

5° Le Riz (*Oryza sativa*), qui s'élève souvent sur une tige de la hauteur d'un mètre ; ses feuilles sont longues et dentées sur les bords, et son épi consiste dans une espèce de panicule terminale. Le riz sert de nourriture principale dans plus de la moitié du globe, et particulièrement à la Chine et dans l'Inde, d'où il tire son origine. On le cultive dans les parties méridionales de l'Europe, en Italie, en Espagne. Nous l'employons comme aliment et comme boisson émolliente. Les émanations des rizières sont dangereuses et causent quelquefois des épidémies.

6° Le Maïs (*Zea maïs*), originaire d'Amérique, appelé aussi blé d'Inde ou blé de Turquie. Il croît comme une espèce de roseau, avec des feuilles larges et longues ; chaque tige porte deux ou trois épis sur chacun desquels sont placés les grains serrés de tous côtés, unis, ronds et rangés en ligne droite. On fait avec leur farine des gâteaux et des bouillies très-nourrissantes qui prennent, selon les différents pays, les noms de *gaudes*, *farinettes*, etc. Les graines de maïs sont pour les animaux une nourriture également avantageuse.

Presque toutes les plantes à fourrage, telles que l'Agrostis (*Agrostis vulgaris*), le Brome (*Bromus purgans*, la Flouve (*Anthoxanthum odoratum*), etc., font partie des graminées.

7° La Canne a sucre (*Saccharum officinarum*, pl. XIV, fig. 6), originaire de l'Inde, transportée l'an 1506 en Amérique, dont elle est aujourd'hui une des principales productions. Sa tige, haute de deux à quatre mètres, porte de longues et larges feuilles, et une panicule terminale très-grande, étalée, ayant une forme presque pyramidale. C'est de son chaume que l'on extrait une grande partie du sucre consommé en Europe. On le coupe, on l'écrase, et le suc qu'il renferme, exprimé au moyen de fortes presses, est épaissi au feu, jusqu'à consistance de sirop. Abandonné à lui-même, il se prend en une masse de petits cristaux confus qui constitue la *cassonnade*, que l'on raffine pour être amenée à l'état de *sucre blanc*. Cette dernière opération se fait en France pour le sucre que nous tirons de nos colonies. Un autre produit de la canne à sucre est le *rhum*, ou eau-de-vie de sucre, que l'on obtient en soumettant à la fermentation spiritueuse les écumes retirées lors de la cuite du sucre.

8° Le ROSEAU (*Arundo donax*), si commun dans les lacs marécageux, et dont les chaumes droits, hauts de un à deux mètres, sont garnis de feuilles rubanées, coupantes et dentées sur leurs bords. On s'en sert pour couvrir les cabanes et pour faire de petits balais d'appartement.

9° Les BAMBOUS (*Bambusa*), plantes équatoriales, qui rivalisent avec les palmiers pour la grosseur et la solidité de leurs tiges; les plus jeunes servent à faire des cannes, et le stipe, dans sa première jeunesse, se mange par les indigènes, comme en Europe nous mangeons les asperges.

10° Les ANDROPOGONS de l'Inde, rangés aussi parmi les graminées, ont des racines aromatiques utiles en médecine. L'ANDROPOGON SQUARROSUS fournit cette racine odorante et fibreuse aujourd'hui si connue sous le nom de *vétiver*, qui sert à aromatiser le linge et les étoffes; et surtout à préserver des insectes.

# TROISIÈME CLASSE.

## MONOPÉRIGYNIE.

*Germe monocotylédoné. Point de corolle. Étamines attachées autour du pistil.*

Cette classe renferme quatre familles principales :
1° Les **Joncées**, 2° les **Palmées**, 3° les **Asparaginées**, 4° les **Liliacées**.

## 1re F. Joncées.

Plantes herbacées, vivaces pour la plupart ; tige cylindrique, nue ou feuillée ; feuilles généralement engaînantes ; fleurs à étamines et pistils ; calice à six sépales glumacés, disposés sur deux rangs ; six étamines insérées à la base des sépales internes, ou simplement trois, correspondantes aux sépales extérieurs ; ovaire supère ; un style simple à trois stigmates ; fruit en capsule à une ou trois loges contenant trois ou un plus grand nombre de graines.

Le genre Jonc (*Juncus*) se subdivise en un grand nombre d'espèces qui habitent principalement les régions tempérées, fraîches et même froides de l'hémisphère boréal ; elles croissent en général dans les marais et sur les bords des lacs.

La Calectasie (*Calectasia cyanea*) à fleurs bleues, petit arbrisseau de la Nouvelle-Hollande, est annexée à cette famille. On en rapproche aussi les Commélines (*Commelina*) à fleurs fasciculées, blanches ou bleues, et les Éphémérines (*Tradescantia*), qui diffèrent des commélines par leurs fleurs en grappes ou en ombelles ; ces plantes, cultivées en Europe, nous viennent de la zone tropicale et particulièrement de l'Amérique.

## 2ᵉ F. Palmées.

Grands arbres à racine fibreuse ; à tige cylindrique et simple, nommée Stipe, couronnée par un faisceau de feuilles pennées ou palmées ; fleurs tantôt mixtes, tantôt unifères, disposées en épis ou en chatons et renfermées dans des spathes ligneuses ; six étamines, quelquefois trois ; pistil simple, composé de trois pistils soudés ; ovaire à une ou trois loges , contenant chacune une graine osseuse (pl. XV, fig. 1, 2, 3).

Cette belle famille est une de celles qui présentent les arbres les plus grands et les fruits les plus utiles à l'homme, surtout pour les habitants des régions équatoriales. On y distingue les **Palmiers à feuilles en lanières**, vulgairement palmes, et les **Palmiers à feuilles en éventail**.

1º Palmiers a feuilles en lanières. **Pr. esp.** Le Dattier (*Phœnix dactilifera*), qui croît naturellement dans l'Inde et dans le nord de l'Afrique. Il est au nombre des palmiers les plus beaux et les plus utiles. Sa tige, qu'il n'est pas rare de voir s'élever jusqu'à trente et quarante mètres, porte à son sommet une couronne de palmes longues de deux à quatre mètres. Ses fruits, appelés *dattes*, sont des espèces de baies ovoïdes, d'une couleur jaune doré, de la grosseur et à peu près de la longueur du pouce ; ils sont doux, mielleux et très-nourrissants. Le vin de dattier se prépare avec la sève qu'on obtient par incision. 2º Le Sagoutier (*Sagus rumphii*), palmier de moyenne grandeur, dont la moelle fournit la fécule appelée *sagou*. 3º Le Cocotier (*Cocos nucifera*, pl. XV, fig. 1), l'un des plus beaux et des plus intéressants palmiers, originaire des Indes orientales : il est naturalisé aujourd'hui dans toutes les contrées équatoriales du nouveau continent. Ses palmes ont jusqu'à trois ou quatre mètres de longueur; ses fruits, qui dépassent la grosseur de la tête d'un homme, sont de véritables noix sèches appelées *cocos* (pl. XV, fig. 3). Entre leur pellicule externe et leur noyau osseux, est une sorte de bourre ou de filasse dont on fait des cordages et des toiles grossières. L'amande est la partie la plus précieuse du cocotier : elle sert de nourriture aux peuples qui voient croître ce bel arbre; sa saveur est douce et ressemble beaucoup à celle des amandes ou des noisettes fraîches. Enfin, elle offre à son centre une grande cavité pleine d'une sorte de lait qui forme une boisson aussi saine qu'agréable. 4° Les ARECS (*Areca*), qui fournissent un cachou très-estimé, et dont le bourgeon terminal, non encore développé, est un aliment connu sous le nom de *chou palmiste*. 5° Le CYCAS des Indes (*Cycas circinalis*), dont le stipe est élevé et le port très-pittoresque : c'est celui que nous cultivons ordinairement dans nos serres. Les Japonais retirent de la tige grosse et moelleuse du CYCAS REVOLUTA une espèce de sagou, qu'ils pétrissent et font cuire comme du pain. 6° Les ROTANGS (*Calamus*), palmiers grêles, dont les tiges, souples et tenaces, servent à faire des badines et des cannes flexibles et luisantes nommées *joncs*.

2° PALMIERS A FEUILLES EN ÉVENTAIL. **Pr. esp.** 1° Le PALMIER ÉVENTAIL (*Chamœrops humilis*), qui croît sur les côtes de la Méditerranée et particulièrement en Sicile. 2° Le SABAL d'Adanson (*Chamœrops acaulis*), le plus petit de tous les palmiers. Il habite la Caroline et la Virginie; ses fleurs sont blanches, et son fruit donne une baie noirâtre de la forme d'une olive. 3° Le

Corypha parasol (*Corypha umbraculifera*), le plus beau des palmiers par ses feuilles disposées en parasol, et dont une seule peut couvrir quinze ou vingt hommes. Au centre de ces énormes feuilles, s'élève un spadice rameux qui présente l'aspect d'un immense candélabre. Ses fruits sont des baies sphériques, lisses et vertes, grosses comme des pommes reinettes. Pendant de longues années, ce magnifique palmier est stérile : tout-à-coup, il se charge de fleurs, auxquelles succèdent des fruits en nombre si prodigieux, qu'un seul pied en donne, dit-on, jusqu'à vingt mille ; puis l'arbre dépérit, comme épuisé par un tel excès de fécondité. On trouve ce beau végétal dans les Indes Orientales, et sur la côte de Malabar, où il offre de grandes ressources aux indigènes.

### 3ᵉ F. Asparaginées.

Tige herbacée ou sarmenteuse ; racine fibreuse ; feuilles alternes, opposées ou verticillées ; fleurs hermaphrodites ou unisexuelles ; calice coloré à quatre, six ou huit divisions profondes ; chaque division du calice porte à sa base une étamine ; ovaire à une ou trois loges ; style simple ou trifide avec un stigmate trilobé ; fruit en capsule à trois loges ou en baie globuleuse.

Il est peu de groupes moins naturels que celui des Asparaginées ; aussi quelques genres de cette famille ont-ils servi de types à de nouvelles divisions, composées par les botanistes modernes. Ces plantes se présentent sous des aspects très-variés. Plusieurs offrent des ressources alimentaires et médicinales.

**Pr. esp.** 1° L'Asperge (*Asparagus officinalis*), dont les fleurs petites, d'un jaune verdâtre, portées sur des pédoncules filiformes, sont remplacées par des baies rouges et sphériques de la grosseur d'un pois, qui contient les semences. Ce sont les jeunes pousses que produisent chaque année les racines de cette plante qui nous servent d'aliment. 2° La SALSEPAREILLE (*Smilax salsaparilla*), plante médicinale, sudorifique, originaire d'Amérique, 3° Le MUGUET (*Convallaria maialis*), plante d'ornement, aux fleurs pendantes, petites, dont le calice urcéolé présente six dents roulées en dehors. 4° Le SCEAU DE SALOMON (*Polygonatum vulgare*), qui croît dans les bois ombragés et frais. 5° Le PETIT-HOUX (*Ruscus aculeatus*), arbrisseau élégant et toujours vert, à feuilles piquantes. 6° Le DRAGONNIER (*Dracœna draco*), de l'Inde et des Canaries, arbre dont le suc rouge est connu sous le nom de *sang-dragon*.

## 4ᵉ F. Liliacées.

Plantes herbacées; racine bulbeuse ou fibreuse; feuilles ordinairement radicales; fleurs terminales, solitaires ou réunies; calice à six sépales colorés; six étamines; ovaire à trois loges saillantes; style simple ou nul; stigmate trilobé; fruit en capsule à trois loges (pl. XV, fig. 4, 5, 6).

Les LILIACÉES, répandues partout dans nos contrées tempérées, renferment un grand nombre de plantes, toutes remarquables par l'élégance de leur port. La plupart sont cultivées dans nos jardins.

**Pr. esp.** 1° Le LIS (*Lilium candidum*, pl. XV, fig. 4), dont les fleurs ont un calice, qui par sa blancheur éclatante et sa forme gracieuse, fait l'ornement de nos jardins; il est d'ailleurs utile en médecine : on en extrait l'huile connue sous le nom d'*huile de lis*, et l'on en compose des cataplasmes émollients. Les autres espèces de lis sont très-multipliées, et toutes propres à l'ornement. 2° La Fritillaire, ou Couronne impériale (*Fritillaria imperialis*), à fleurs renversées formant une couronne surmontée d'une touffe de feuilles. 3° Les Tulipes (*Tulipa sylvestris, gesneriana*), originaires de Turquie, dont les plus belles sont celles qui panachent en jaune. 4° Les Jacinthes (*Hyacinthus orientalis, sylvestris*) à fleurs printanières odoriférantes, à calice campanulé, découpé seulement sur le bord. 5° La Tubéreuse (*Polianthes tuberosa*), remarquable par son odeur forte et suave. 6° L'Ornithogale (*Ornithogalum umbellatum*), aux fleurs blanches, disposées en ombelles. 7° L'Hémérocalle (*Hemerocallis cœrulea*), dont les fleurs à étamines penchées sont assez semblables à celles du lis. 8° Le Lin de la Nouvelle-Zélande (*Phormium tenax*), à feuilles coriaces, dont les fibres constituent un fil, le plus tenace de tous après la soie. 9° L'Agapanthe du Cap (*Agapanthus umbellatus*), qui porte une ombelle de nombreuses fleurs bleues. 10° L'Ail (*Allium sativum*), l'Oignon (*A. cepa*), l'Echalotte (*A. ascalonicum*), le Poireau (*A. porrum*), plantes dont on connaît l'usage. 11° Les Aloès, qui croissent dans les contrées chaudes des deux continents. Leurs feuilles grasses, à bords dentés et piquants, fournissent un suc purgatif, tonique et trèsamer. On l'extrait particulièrement de l'Aloès succotrin (*Aloe soccotrina*). 12° Les Yuccas, originaires d'Amérique; plantes à grandes dimensions, dont plusieurs espèces, telles que l'Yucca filamenteuse (*Yucca filamentosa*), se sont acclimatées en Europe, où elles vivent en pleine terre.

# QUATRIÈME CLASSE.

### MONOÉPIGYNIE.

*Monocotylédonés. Point de corolle. Etamines implantées
sur le pistil.*

Les six principales familles que renferme cette classe
sont : 1° les **Narcissées**, 2° les **Iridées**, 3° les **Bananiers**, 4° les **Balisiers**, 5° les **Orchidées**, 6° les **Hydrocharidées**.

## 1<sup>re</sup> F. Narcissées.

Plantes herbacées; racine bulbeuse ou fibreuse; feuilles radicales et engaînantes à la base; fleurs enveloppées le plus souvent dans une spathe; périanthe simple, coloré; six étamines insérées sur l'ovaire; ovaire à trois loges; style simple; stigmate simple ou trifide; fruit en capsule à trois valves, ou baie à trois loges (pl. XVI, fig. 1-7).

Les NARCISSÉES portent de jolies fleurs; la plupart sont indigènes; elles se plaisent dans les prés, les pâturages et les côteaux boisés. On en cultive plusieurs belles espèces dans les jardins.

**Pr. esp.** 1° Le NARCISSE DES POÉTES (*Narcissus poeticus*), à fleurs blanches, d'une odeur très-suave. 2° Le NARCISSE JONQUILLE (*Narcissus jonquilla*), à fleurs jaunes très-odorantes. 3° Le PERCE-NEIGE OU GALANTHE D'HIVER (*Galanthus nivalis*, pl. XVI, fig. 1), dont la hampe porte une ou deux petites fleurs blanches et inclinées, qui s'épanouissent sous la neige. 4° La NIVÉOLE PRINTANIÈRE (*Leucoium vernum*), aux fleurs blanches, marquées de vert au sommet des pétales. 5° L'AMARYLLIS, OU LIS DE

1. Bananier ... Musa ...

SAINT JACQUES (*Amaryllis formosissima*), de l'Amérique, à fleurs d'un rouge pourpre velouté et sablées d'or au soleil. 6° Le CRINOLE D'AMÉRIQUE (*Crinum americanum*) aux fleurs blanches en ombelles, à étamines inclinées.

On rapporte à cette famille : 1° Les AGAVES (*Agave americana*) herbes gigantesques, originaires du Mexique, à feuilles épaisses, solides et armées de piquants dont les fibres servent à faire des toiles et des cordages ; elles sont aujourd'hui presque naturalisées dans l'Europe méditerranéenne et vivent des siècles dans nos jardins, où elles se font remarquer par la rapidité avec laquelle elles allongent leur pédoncule floral qui croît d'un pied en un jour. 2° Les ANANAS (*Bromelia ananas*) de l'Amérique méridionale, plantes à feuilles radicales, raides et épineuses, à fleurs bleuâtres, formant un épi couronné par une touffe de feuilles. A ces fleurs il succède un fruit ovoïde, formé par l'agrégation d'un grand nombre de baies autour d'un axe charnu et succulent, et dont la chair est loin d'acquérir dans nos serres le parfum et la saveur des ananas qui croissent naturellement dans les régions chaudes.

## 2ᵉ F. Iridées.

Racine tubéreuse, charnue ou fibreuse ; tige ordinairement herbacée, cylindrique ou comprimée ; feuilles alternes, placées avant leur développement dans une spathe membraneuse ; calice coloré, tubuleux, à six divisions inégales ; trois étamines libres ou réunies ; style simple à trois stigmates simples, bifides ou découpés ; ovaire infère à trois loges polyspermes ; fruit en capsule à trois loges, s'ouvrant en trois valves distinctes.

Cette famille, dont les plantes, vivaces pour la plupart,

sont répandues principalement dans les régions tempérées, fournit à l'horticulture plusieurs espèces, toutes d'une grande beauté.

**Pr. esp.** 1º L'Iris de Florence (*Iris florentina*), à fleurs blanches, tachetées de jaune. Sa racine, qui a une odeur de violette très-prononcée, est employée en parfumerie; on en fabrique aussi de petites boules dont la médecine fait usage. 2º L'Iris d'Allemagne (*Iris germanica*), aux grandes fleurs violettes, enveloppées dans des spathes. Elle croît naturellement dans les lieux stériles, et demande peu de soin de culture. 3º Les Glaïeuls, dont le plus éclatant est le Glaïeul perroquet (*Gladiolus psittacinus*), originaire de l'Afrique australe, à fleurs épaisses, d'un beau jaune verdâtre mordoré. 4º Le Safran cultivé (*Crocus sativus*), dont les stigmates en crête contiennent un principe colorant, et sont employés en médecine.

### 3ᵉ F. Bananiers.

Tige herbacée ou nulle; feuilles pétiolées; fleurs fort grandes et de couleur vive enveloppées dans une spathe; calice irrégulier, coloré, posé sur l'ovaire à six divisions, dont trois internes; six étamines, un style, un stigmate simple ou triple; fruit en capsule à trois loges.

Les Bananiers sont des végétaux originaires des contrées chaudes de l'ancien continent, et cultivés maintenant dans toute la zone tropicale. Les habitants des Indes et de l'Afrique s'en servent pour une multitude d'usages. Les longues feuilles sont employées à couvrir le toit des habitations, et fournissent des fibres propres à fabriquer des tissus. Les fruits, triangulaires, charnus, d'un jaune pâle, ressemblant assez à nos concombres, ont une pulpe molle d'un goût légèrement sucré, très-nourrissante, dont on fait une pâte avec laquelle on prépare une sorte de pain. Les bananes se mangent crues ou cuites ; aux Antilles et aux Andes, elles forment le principal aliment du peuple, et le colon en nourrit ses nègres.

**Pr. esp.** 1° Le BANANIER A GROS FRUIT OU DE l'ÉDEN (*Musa paradisiaca*, pl. XVI, fig. 7), dont les fleurs jaunâtres, enveloppées d'une grande bractée rougeâtre caduque, sont portées sur un long pédoncule sortant du bouquet qui couronne le stipe. 2° Le BANANIER A PETIT FRUIT (*Musa sapientium*), semblable au précédent par son port et sa taille, mais différent par ses feuilles plus aiguës et ses fruits une fois moins longs. 3° Le BANANIER DE CHINE (*M. sinensis*), appelé aussi BANANIER NAIN. 4° Le RAVENALA DE MADAGASCAR (*Urania speciosa*), la plus belle espèce de la famille. On cultive ces différents bananiers dans les serres européennes.

## 4ᵉ F. Balisiers.

Plantes vivaces ; feuilles simples ; calice double, inégalement découpé ; une ou plusieurs étamines ; ovaire à trois loges ; fruit capsulaire ou bacciforme.

Les BALISIERS sont des plantes tropicales à tige droite et simple, à fleurs rouges ou jaunes, disposées au sommet de la tige, et à semences noirâtres, rondes, dures, renfermées dans une capsule ovoïde qui s'ouvre en trois valves. Les Indiens et les Américains retirent de ces graines une teinture pourpre peu solide. Les feuilles de ces végétaux sont assez grandes et assez souples pour que les naturels puissent s'en servir comme nous nous servons des tissus de lin.

**Pr. esp**. 1° Le BALISIER D'INDE (*Canna indica*), à feuilles larges, d'un beau vert, et à fleurs variant de l'écarlate au jaune et assez souvent panachées. 2° La GLOBBÉE PENCHÉE (*Globba nutans*), à grandes feuilles lancéolées et à fleurs en grappes inclinées, d'un blanc pur, contenant une espèce de cornet jaune, rayé de rouge. 3° LE MARANTA ZÉBRÉ (*Maranta zebrina*), originaire du Brésil, et remarquable par de longues feuilles rayées de brun velouté et de jaune en dessus, et d'une belle couleur violette en dessous. Le MARANTA ARUNDINACEA fournit au commerce une fécule excellente, nommée *arrow-root*. 4° Le GINGEMBRE (*Amomum zingiber*), connu par sa vertu digestive, sa saveur piquante et son odeur aromatique. 5° Le CURCUMA ou SAFRAN DES INDES (*Curcuma longa*), dont la racine fournit une matière colorante jaune.

## 5ᵉ F. Orchidées.

Plantes vivaces, quelques-unes parasites sur d'autres végétaux ; calice coloré à six divisions profondes, dont l'inférieure irrégulière, nommée LABELLE, est terminée quelquefois en dessous par un éperon ; de une à deux étamines sur le sommet du pistil ; fruit en capsule, à une seule loge polysperme, à trois valves s'ouvrant par les angles.

Cette famille est nombreuse et parfaitement distincte de toutes les autres par la singularité des plantes qu'elle renferme. Les ORCHIDÉES indigènes croissent sur la terre ; beaucoup d'espèces exotiques se développent dans les fentes des arbres et dans les bifurcations des rameaux.

Cette végétation aérienne favorise leur culture dans les serres chaudes, où on les suspend dans des corbeilles à claire-voie, pleines de mousse humide ou de détritus végétaux à travers lesquels s'échappent leurs pédoncules, qui sortent au-dessous des racines. Quelques-unes ont des fleurs de couleurs vives et variées, et répandent un parfum suave; d'autres, au contraire, ont une coloration livide et une odeur désagréable. Toutes ces fleurs présentent les formes les plus bizarres, et simulent des mouches, des araignées, des singes à longue queue, etc.

**Pr. esp.** 1° L'Orchis pyramidal (*Orchis pyramidalis*), plante indigène, dont les fleurs purpurines forment la pyramide. Les tubercules desséchés de plusieurs orchis fournissent une fécule connue sous le nom de *salep*. 2° Le Sabot de Vénus (*Cypripedium calceolus*), espèce indigène, à tige sinuée et à fleurs odorantes, dont les segments sont d'un pourpre foncé et le labelle jaune, renflé, creux, ouvert en haut, de manière à figurer imparfaitement un sabot. On cultive dans les serres le Cypripède admirable (*Cypripedium insigne*), originaire du Népaul, et dont le labelle fort gros a deux appendices membraneux très-saillants. 3° La Calanthe a feuilles de varaire (*Calantha veratrifolia*) de l'île d'Amboine, plante aux larges fleurs blanches, en grappes pyramidales très-élégantes. 4° Le Zigopétalon du Brésil (*Zigopetalum mackaii*), dont le labelle développé est d'un blanc de perle jaspé de bleu. 5° La Vanille aromatique (*Vanilla aromatica*), plante sarmenteuse qui habite principalement les côtes de l'Amérique tropicale, et dont le fruit, en forme de longue gousse, constitue la *vanille*, substance aromatique d'un fréquent usage.

## 6ᵉ F. Hydrocharidées.

Herbes aquatiques ; feuilles parfois flottantes ; fleurs ordinairement dioïques, quelquefois hermaphrodites, enfermées dans des spathes ; calice à six divisions , dont trois internes pétaloïdes ; une à treize étamines ; un ovaire infère ; trois à six stigmates bifides ou bifurqués ; fruit charnu, intérieurement organisé comme celui des cucurbitacées.

Les HYDROCHARIDÉES sont des plantes qui habitent les étangs, les marais et même les fleuves dans les deux hémisphères. Une ou deux espèces fournissent quelques ressources alimentaires.

**Pr. esp.** 1° La MORÈNE (*Hydrocharis morsus ranæ*), petite plante vivace, à feuilles arrondies et à fleurs blanches. 2° Le NÉNUPHAR BLANC (*Nymphœa alba*), aux grandes fleurs d'un blanc pur. 3° Le NÉNUPHAR JAUNE (*Nymphœa lutea*), dont la fleur jaune est moins grande et moins belle. 4° La VALLISNÉRIE SPIRALE (*Vallisneria spiralis*), qui croît sous les eaux , particulièrement dans le midi de l'Europe.

## TROISIÈME GRANDE DIVISION.

### PLANTES DICOTYLÉDONÉES.

Ce troisième embranchement du règne végétal comprend toutes les plantes dont le germe a deux cotylédons opposés (pl. XII, fig. 15), ou plusieurs cotylédons verticillés (pl. XII , fig. 16), comme dans beaucoup de CONIFÈRES. Les DICOTYLÉDONÉS sont doués du système organique le plus complet : ils se distinguent des mono-

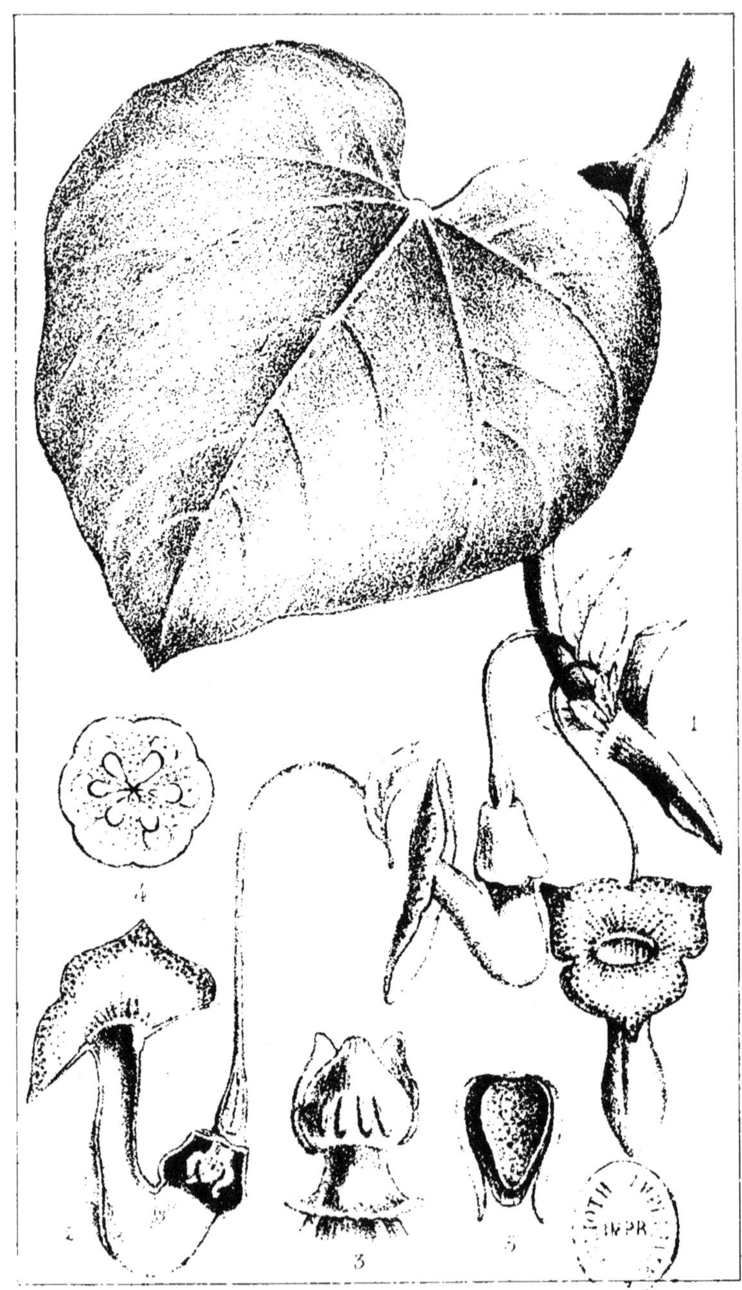

cotylédonés par la structure de la tige, la disposition des nervures de leurs feuilles, les parties de la fleur, enfin par leur port, qui est tout différent. Comme cette dernière grande division contient au moins les quatre cinquièmes des végétaux connus, Jussieu en a d'abord formé deux groupes : dans le premier, il a réuni toutes les plantes pourvues d'étamines et de pistils, et dans le second, les plantes diclines. Les premières, qui sont les plus nombreuses, ont été subdivisées ensuite selon l'absence, la présence ou la forme de la corolle et l'insertion des étamines, comme il est indiqué par la méthode de classification.

## CINQUIÈME CLASSE.

### ÉPISTAMINIE.

*Dycotylédonés, Apétales, Étamines épigynes.*

Cette classe renferme deux familles : 1° les **Aristoloches**, 2° les **Cytinées**.

### 1<sup>re</sup> F. Aristoloches.

Plantes herbacées; feuilles entières; fleurs axillaires; calice coloré, monosépale à trois divisions; corolle nulle; dix à seize étamines insérées sur l'ovaire; un style; fruit en capsule ou baie, à plusieurs loges; graines nombreuses (pl. XVII).

Beaucoup d'Aristoloches habitent les régions tropicales de l'Amérique. La plupart de leurs racines ont la propriété de rougir par leur suc le papier bleu, et sont fort usitées en médecine : on les regarde comme céphaliques, pectorales et vulnéraires. Les Américains les emploient avec succès contre la morsure des serpents.

**Pr. esp.** 1° L'Aristoloche siphon (*Aristolochia sipho*, pl. XVII, fig. 1), cultivée dans nos jardins, et remarquable par ses grandes feuilles cordées et ses fleurs jaunes et rouge noirâtre en forme de pipe. 2° L'Aristoloche clématite (*Aristolochia clematitis*), à fleurs jaunes, très-commune aux environs de Paris. 3° L'Asaret ou Cabaret (*Asarum europæum*), petite plante indigène qui croît le long des haies et dans les bois, et dont la racine est fortement purgative.

## 2ᵉ F. Cytinées.

Plantes généralement parasites, analogues aux orobanches; tige écailleuse et non feuillée; fleurs unisexuelles, monoïques, au sommet de la tige; huit anthères sessiles; calice campanulé à six divisions; ovaire infère à une seule loge; un style; un stigmate.

Le Népenthe (*Nepenthes distillatoria*), type de cette famille, est une plante fort remarquable de l'Inde et de Madagascar. Ses feuilles se terminent au sommet par un long filament qui porte une sorte d'urne ou d'amphore, recouverte par un opercule qui s'ouvre et se ferme naturellement. Ce petit vase se trouve souvent rempli d'un liquide sécrété dans son intérieur, et dont s'abreuvent les nombreux insectes de la contrée; on prétend même que cette eau a été d'un grand secours à quelques voyageurs dans ces pays brûlés par le soleil.

Le Laurier-Sauce ( *Laurus nobilis* ).

# SIXIÈME CLASSE.

## PÉRISTAMINIE.

*Dicotylédonés, Apétales, Étamines périgynes.*

Les trois principales familles de cette classe sont :
1° les **Laurinées**, 2° les **Polygonées**, 3° les **Atriplicées**.

## 1<sup>re</sup> F. Laurinées.

Plantes ligneuses; feuilles alternes ou opposées, ordinairement persistantes; fleurs mixtes ou diclines, axillaires, en
grappes, panicules, ou ombelles; calice monosépale, à quatre
ou six divisions; corolle nulle; de six à quatorze étamines;
ovaire uniloculaire; style à stigmate simple; fruit charnu
(pl. XVIII).

Les LAURINÉES, que l'on trouve principalement dans
les régions tropicales et dans nos pays méridionaux, sont
tous des arbres, ou arbrisseaux odorants, qui renferment
des principes aromatiques très-connus. Ces végétaux
sont loin de parvenir dans nos jardins aux dimensions
qu'ils atteignent dans les contrées dont ils sont originaires; ils y forment naturellement des forêts qui couvrent d'une verdure persistante les pentes de plusieurs
montagnes. Toutes les espèces de lauriers craignent les
grands hivers; mais, exposés au midi et abrités par un
mur, ils peuvent monter jusqu'à une hauteur de six à
sept mètres. Ils réussissent mieux dans les terrains secs
que dans les lieux humides. On les multiplie par semences, par marcottes et par greffes.

**Pr. esp.** 1° Le LAURIER COMMUN (*Laurus nobilis*,

pl. XVIII, fig. 1), dont les feuilles aromatisent les aliments. C'est le laurier d'Apollon, célèbre chez les anciens par l'usage que l'on en faisait pour couronner les généraux victorieux. 2° LE LAURIER CANNELLIER (*L. cinnamomum*), arbre originaire de Ceylan. On enlève l'écorce des jeunes branches, qu'on vend en plaques roulées sous le nom de *cannelle de Chine* ou *de Ceylan*. La couleur en est jaune rougeâtre, l'odeur suave, la saveur chaude et sucrée. 3° Le LAURIER CAMPHRIER (*L. camphora*), qui fournit le *camphre*, que l'on extrait des tiges, des branches et des feuilles, coupées par petits morceaux. 4° Le MUSCADIER (*Myristica noschata*), arbre des Moluques, introduit dans l'île Bourbon, dans l'île de France, puis propagé en Amérique. Ses semences, nommées *noix muscades*, sont employées particulièrement comme épice. Quelques botanistes ont fait une famille particulière des muscadiers, que nous laisserons cependant parmi les laurinées, dont ils ont le port et les principaux caractères.

## 2ᵉ F. Polygonées.

Plantes herbacées ; feuilles alternes engaînantes ; fleurs mixtes ou unifères, en épis cylindriques ou en grappes ; calice monosépale, coloré ; quatre à six divisions peu profondes ; corolle nulle ; quatre à dix étamines attachées à la base du calice ; ovaire libre, uniloculaire ; un seul ovule ; fruit polyédrique, en cariopse nue ou recouverte par le calice.

Les plantes de cette famille croissent surtout dans les régions tempérées de l'hémisphère boréal. On en cultive peu pour l'ornement, mais beaucoup sont d'un grand usage en médecine et dans l'économie domestique.

**P. G.** Les Renouées, les Rumex et les Rhubarbes, qui constituent presque entièrement cette famille.

1° Les Renouées fournissent le Sarrazin ou Blé noir (*Polygonum fagopyrum*), plante venue d'Asie. Ses graines contiennent une fécule dont on fait des galettes et bouillies dans certains pays, particulièrement dans l'ouest de la France. Le Polygone d'Orient (*P. orientale*), espèce du même genre, est une herbe annuelle, à fleurs roses ou blanches, en longs épis pendants. 2° Les Rumex donnent l'Oseille (*Rumex acetosa*), dout on mange les feuilles et dont on extrait un sel, et la Patience (*R. patientia*), dont la racine, âcre et amère, est employée comme dépurative. 3° Les Rhubarbes. La Rhubarbe de Chine (*Rheum undulatum*) a une racine tonique et légèrement purgative ; celle que l'on cultive en Europe est beaucoup moins efficace, mais très-estimée en Angleterre et en Allemagne comme plante potagère. On fait grand usage des pétioles et des nervures principales des feuilles, que l'on coupe par tronçons pour les mettre dans des tartes ou préparer des confitures.

### 3ᵉ F. Atriplicées.

Plantes herbacées ou ligneuses ; feuilles alternes ou opposées sans gaîne ; de trois à dix étamines ; périanthe simple à plusieurs divisions, à la base duquel s'attachent les étamines ; ovaire libre, uniloculaire, monosperme ; style simple ou à plusieurs divisions, autant de stigmates ; fruit en akène ou baie.

Les Atriplicées ou Arroches ont de grands rapports avec les polygonées, dont elles se distinguent par leurs feuilles privées de gaîne et par la position du germe. Cette famille renferme plusieurs végétaux utiles.

**Pr. esp.** 1° L'Arroche des jardins (*Atriplex horten-sis*), employée comme aliment et comme médicament rafraîchissant. 2° L'Épinard (*Spinacia oleracca*), plante introduite en Espagne par les Arabes, et depuis répandue dans toute l'Europe. Ses feuilles, d'un vert foncé, sont un aliment connu. 3° L'Ansérine ou Patte d'oie (*Cheno-podium album*), dont les propriétés sont également mé-dicinales et culinaires. 4° La Bette ou Poirée, dont on cultive deux variétés : la Carde poirée (*Beta cycla*), dont les feuilles sont longues et ont des côtes larges et char-nues que l'on mange, et la Betterave (*Beta vulgaris*), dont la racine est grosse, pivotante, d'un rouge foncé ou d'un jaune doré ; elle a, quand elle est cuite, une saveur sucrée qui la fait rechercher comme aliment ; mais c'est surtout par la quantité considérable de sucs qu'elle renferme qu'elle joue un rôle important dans l'économie domestique. La France possède maintenant un grand nombre d'établissements où se prépare le *sucre de betterave*. 5° Le Phytolacca (*Phytolacca decandra*), à fleurs rosées, en grappes axillaires, cultivé pour son action purgative. 6° La Soude (*Salsola soda*), plante sous-ligneuse, abondante dans les lieux maritimes et dans les terrains salés ; ses cendres fournissent la *soude* du commerce.

Cette classe renferme encore plusieurs autres familles parmi lesquelles on distingue :

1° Les **Thymélées** ou **Éléagnées** (*Thymeleæ*), qui renferment le genre Daphné (*Daphne*) divisé en un grand nombre d'es-pèces cultivées pour l'ornement. On y trouve aussi les Chalefs (*Eleagneæ*), arbres de seconde grandeur, assez semblables aux oliviers ; et l'Argousier rhamnoïde (*Hippophae rhamnoides*), arbrisseau indigène, épineux, cultivé pour former des haies et pour fixer les dunes.

**2° Les Protéacées,** dont le genre type, les **Protées** (*Protea*), renferme des arbrisseaux exotiques fort délicats, remarquables par leurs fleurs en capitule.

# SEPTIÈME CLASSE.

### HYPOSTAMINIE.

*Dicotylédonés, Apétales, Étamines hypogynes.*

La septième classe renferme quatre familles principales : 1° les **Amarantacées,** 2° les **Nyctaginées,** 3° les **Plantaginées,** 4° les **Plombaginées.**

## 1<sup>re</sup> F. Amarantacées.

Plantes herbacées ; feuilles alternes ou opposées ; fleurs mixtes ou unifères, écailleuses, disposées en épis, en panicules ou en capitules ; calice monosépale ordinairement coloré, à quatre ou cinq divisions profondes ; trois à cinq étamines ; ovaire libre, uniloculaire ; style simple ou nul, à deux ou trois stigmates ; fruit en capsule polysperme, s'ouvrant circulairement ou perpendiculairement par le moyen d'un opercule (pl. XIX).

Les Amarantes sont des plantes annuelles dont les espèces, assez nombreuses, habitent toutes les parties du globe, principalement les contrées chaudes de l'Asie. Elles sont cultivées dans les jardins à cause de la couleur de leurs fleurs et même de leurs feuilles.

**Pr. esp.** 1° L'Amarante queue de renard (*Amarantus caudatus*), à feuilles rougeâtres et à fleurs en longues grappes pendantes et d'un rouge cramoisi. 2° L'Amarante sanguine (*A. sanguineus*, pl. XIX, fig. 1), des Antilles, assez semblable à l'espèce précédente. 3° L'Amarante gigantesque (*A. speciosus*) du Népaul, à tige très-élevée, pyramidale, portant des fleurs pourpres agglomérées le long de ses rameaux. 4° La Célosie a crête, ou Amarante crête de coq (*Celosia cristata*), dont on prendrait les fleurs pour des crêtes ou des morceaux de velours épais. La tige est branchue et cannelée, la racine fusiforme et très-chevelue. 5° La Gonphrène, Amarante globuleuse ou Immortelle violette (*Gomphrena globosa*), aux fleurs violacées, en capitules, entourées de bractées rougeâtres.

## 2ᵉ F. Nyctaginées.

Plantes herbacées ou ligneuses; feuilles simples opposées ou alternes; fleurs axillaires ou terminales; calice monosépale, tubulé, simple ou double persistant; corolle nulle; cinq à dix étamines glanduleuses à la base; ovaire à une seule loge et un seul ovule; un style et un stigmate simples; fruit en cariopse, monosperme, indéhiscent.

Les Nyctaginées, dont le nom signifie en grec *admirables de nuit*, renferment des fleurs qui ont, pour la plupart, la propriété de demeurer épanouies toute la nuit, et de ne s'ouvrir durant le jour que lorsque le temps est sombre et couvert. Les plantes de ce genre sont exotiques et propres aux climats chauds de l'Amérique.

**Pr. esp.** Le Nyctage du Pérou, ou la Belle de nuit (*Mirabilis jalapa*), aux fleurs rouges, blanches, jaunes ou panachées. 2° La Belle de nuit à longues fleurs (*Nyctago longiflora*), à fleurs blanches teintes de rouge, cultivée dans les jardins comme la précédente. 3° La Bougainville éclatante (*Buginvillœa spectabilis*), arbrisseau sarmenteux, épineux, dont les fleurs sont supportées par trois grandes bractées cordiformes d'un rose violacé très-éclatant. Cette belle plante, originaire du Brésil, fut introduite en France en 1833.

### 3° F. Plantaginées.

Plantes herbacées, tige souvent nulle; feuilles presque toujours radicales, entières ou dentées; fleurs mixtes ou unifères, en épis simples; calice découpé profondément en quatre divisions, portant intérieurement un tube pétaloïde; quatre étamines saillantes; un style, un stigmate; ovaire libre; fruit en capsule, s'ouvrant circulairement, cloisonné dans son intérieur, et recouvert par le tube pétaloïde qui persiste.

Les herbes de cette famille sont peu variées; elles ne forment que les deux genres PLANTIN et LITTORELLE; mais elles se trouvent sous toutes les latitudes.

1° Le PLANTIN (*Plantago major*) croît partout : le long des chemins, des haies, dans les jardins. Il pousse des feuilles larges, luisantes, marquées chacune de sept nervures longitudinales fort apparentes. De la racine et du milieu des feuilles, il s'élève plusieurs tiges portant à leur sommet un épi oblong garni de fleurs blanchâtres et purpurines, dont les graines servent à la nourriture de plusieurs petits oiseaux. 2° La LITTORELLE (*Littorella lacustris*) peuple le bord des étangs et des lieux inondés pendant l'hiver.

On range encore dans cette classe les **Plombaginées**, famille où se trouvent les DENTELAIRES (*Plumbago europæa, zeylanica, capensis*), à fleurs blanches ou bleues, en épis; et les STATICES (*Statice armeria, imbricata*), plantes indigènes et exotiques, recherchées par les horticulteurs.

10

# HUITIÈME CLASSE.

### HYPOCOROLLIE.

*Dicotylédonés, Monopétales, Étamines hypogynes.*

Parmi les nombreuses familles que renferme cette classe, on remarque : 1° les **Primulacées** ou **Lysimachiées**, 2° les **Jasminées**, 3° les **Labiées**, 4° les **Personnées**, 5° les **Solanées**, 6° les **Borraginées**, 7° les **Convolvulacées**, 8° les **Bignones**.

## 1<sup>re</sup> F. Primulacées ou Lysimachiées.

Plantes annuelles ou vivaces; feuilles opposées ou verticillées; inflorescence très-variée; calice monosépale à quatre ou cinq divisions; corolle monopétale, ordinairement à autant de divisions que le calice; cinq étamines. Le fruit est une pyxide ou une capsule polysperme à une seule loge.

Les espèces que contient cette famille sont très-multipliées. Plusieurs sont cultivées, mais la plupart croissent spontanément dans les prairies, dans les bois, sur le bord des rivières. Elles habitent principalement les régions tempérées de l'Europe et de l'Asie, et se distinguent presque toutes par la beauté de leurs fleurs.

**Pr. esp.** 1° La Primevère commune (*Primula veris*), plante indigène, basse, vivace, à floraison printanière, espèce à laquelle appartient la Primevère coucou, qui, au retour de chaque printemps, revêt de ses fleurs jaunes en ombelles les bois, les prés humides et les bords des ruisseaux. Les primevères produisent un grand nombre de variétés : l'Oreille d'ours (*P. auricula*), originaire des Alpes, est cultivée particulièrement pour

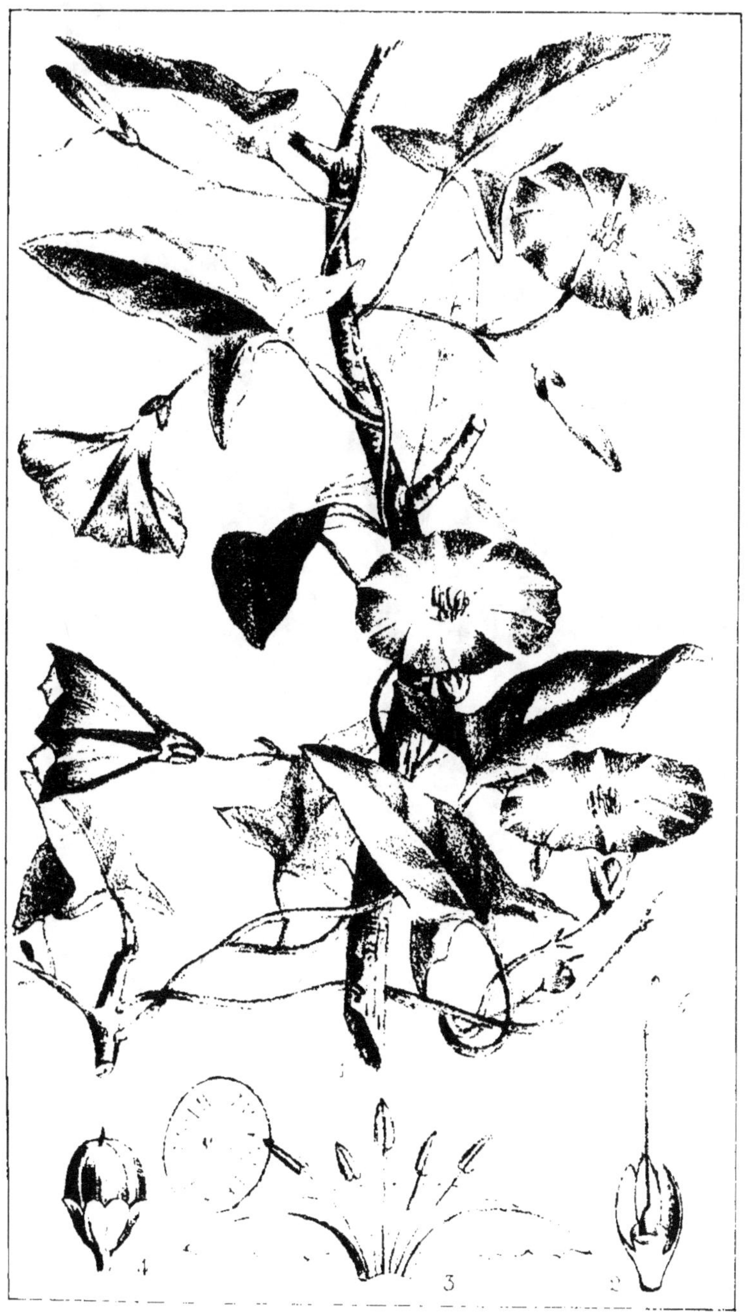

l'ornement des parterres. Les amateurs recherchent les primevères dont les tiges sont fortes et les corolles nuancées par deux ou trois couleurs tranchantes ; ils veulent l'œil bien rond, et préfèrent un limbe brun velouté, noir, carmin foncé, feu, orange, etc. 2° Les LYSIMACHIES (*Lysimachia vulgaris*, *Ephemerum thyrsiflora*), à fleurs blanches ou jaunes. 3° Les ANAGALLIDES, ou MOURONS DES CHAMPS, petites herbes grêles, très-communes dans les moissons, à fleurs rouges ou bleues, de teintes vives et brillantes. Le MOURON A FEUILLES DE LIN (*Anagallis linifolia*) est une plante qui vient d'Espagne, dont les corolles rotacées sont d'un bleu rouge d'une teinte très-vive. 4° Le CYCLAME ou PAIN DE POURCEAU (*Cyclamen europœum*), ainsi nommé parce que les cochons sont friands de ses racines, qu'ils cherchent pour s'en nourrir. 5° Le MENYANTHE ou TRÉFLE D'EAU (*Menyanthes trifoliata*) à fleurs blanches, rosées, élégamment ciliées.

## 2ᵉ F. Jasminées.

Plantes ligneuses ; feuilles opposées ou alternes, simples ou pennées ; fleurs mixtes ou unifères ; calice monosépale, tubuleux ; corolle monopétale, tubuleuse, régulière, quelquefois découpée profondément en quatre ou cinq lobes ; deux étamines ; ovaire à deux loges contenant chacune deux ovules ; style simple ; stigmate terminal bilobé ; fruit bacciforme ou capsulaire à une ou deux loges.

Les JASMINÉES nous viennent de différentes contrées du globe : de la Chine, de la Perse, de l'Italie, de l'Espagne, etc. Ce sont, pour la plupart, des arbrisseaux ou des arbustes d'agrément, employés pour former des berceaux, garnir des terrasses et des treillages.

**Pr. esp**. 1° Les JASMINS, si recherchés à cause de l'odeur suave de leurs fleurs ; il y en a deux espèces communes : le JASMIN OFFICINAL (*Jasminum officinale*), qui porte des fleurs blanches, et le JASMIN CYTISE (**J**. *fruticans*), qui en porte de jaunes. On multiplie facilement ces jolis arbrisseaux. 2° Les LILAS, originaires des Indes orientales, qui ont des fleurs d'un violet tendre formant de grandes panicules pyramidales à l'extrémité des rameaux. Nous citerons le LILAS COMMUN (*Syringa vulgaris*) à feuilles cordiformes, et le LILAS DE PERSE (**S**. *persica*), dont les feuilles, les tiges, les grappes sont plus petites, et qui exige plus de soin. Les jeunes rameaux, vidés de leur moelle, servent aux Turcs pour faire des tuyaux de pipe. 3° Les FRÊNES. Le FRÊNE COMMUN (*Fraxinus excelsior*), un des plus beaux arbres de nos bois, a des fleurs jaunâtres, disposées en grappes. La tige est droite et élancée, et les feuilles sont régulièrement ailées avec impaire. C'est du FRÊNE ORNE (**F**. *ornus*) que découle le suc purgatif qu'on appelle *manne*. 4° Le TROÈNE (*Ligustrum vulgare*), aux petites fleurs blanches, disposées en grappes terminales, que l'on trouve fréquemment dans les bois et dans les haies. Ses baies, que mangent les oiseaux, fournissent une teinture noire ; ses feuilles servent à tanner les cuirs, et son bois donne un des meilleurs charbons pour la fabrication de la poudre. 5° L'OLIVIER (*Olea europæa*), si précieux par son fruit, qui est une drupe ovoïde à chair huileuse, renfermant un noyau à une seule graine. On le reconnaît à ses petites fleurs blanches et à ses feuilles d'un vert blanchâtre, entières, lancéolées et persistantes. Cet arbre, originaire d'Asie, est naturalisé dans le midi de la France. C'est par la pression des olives que l'on obtient la meilleure espèce d'huile.

### 3° F. Labiées.

Plantes herbacées ou ligneuses, à tige tétragone; feuilles simples et opposées; fleurs axillaires en épis ou en grappes rameuses; calice monosépale, persistant, à cinq divisions inégales; corolle monopétale tubuleuse, irrégulière, à deux lèvres; quatre étamines didynames, ou deux; ovaire quadrilobé; style simple; stigmate bifide; fruit composé de quatre akènes monospermes.

Cette famille, très-nombreuse et très-naturelle, a tiré son nom de la corolle de ses fleurs en forme de lèvres. Les plantes qu'elle renferme habitent généralement les latitudes moyennes de l'ancien continent. Elles sont très-aromatiques. L'huile essentielle que l'on en tire, unie à l'esprit-de-vin, forme les différents parfums que l'on vend sous le nom d'*eau de Lavande*, *de Menthe*, *de Mélisse*, et entre dans la préparation de l'*eau de Cologne*. Les propriétés médicinales des Labiées sont très-connues.

**Pr. esp.** 1° La Sauge (*Salvia officinalis*), à corolle bilabiée, qui réunit presque toutes les propriétés médicinales des autres labiées, et dont on fait grand usage dans l'économie domestique. 2° Le Romarin (*Rosmarinus officinalis*), petit arbrisseau rameux et très-aromatique, à fleurs printanières, d'un bleu pâle. 3° La Sariette (*Satureia hortensis*), qui a un goût piquant et une odeur pénétrante; on l'emploie comme assaisonnement. 4° La Monarde (*Monarda didyma*), herbe de l'Amérique septentrionale, à fleurs verticillées d'un rouge vif. Les feuilles odorantes donnent une infusion très-agréable. 5° Les Germandrées (*Teucrium scorodonia*, *fruticans*), plantes indigènes, aux feuilles d'un beau vert et aux fleurs grandes, verticillées ou solitaires, de diverses couleurs. 6° La Lavande (*Lavandula spica*), dont les sommités fleuries sont bonnes pour les maladies nervéuses. 7° La Menthe (*Mentha piperita*), plante odorante et stomachique. 8° L'Hysope (*Hyssopus officinalis*), qui exhale une odeur assez forte. 9° Le Thym (*Thymus vulgaris*), petite plante aussi très-odorante; le Serpolet (*T. serpyllum*), qui appartient à la même espèce, a de petites fleurs purpurines, disposées sur des tiges rampantes, qui couvrent les pelouses sèches et les collines. 10° La Mélisse (*Melissa officinalis*), que l'on reconnaît à ses grappes latérales et à ses fleurs d'un blanc gris ou rosé, à odeur de citron; on en fait une eau antispasmodique et stomachique. 11° L'Ortie blanche (*Lamium album*), plante médicinale, qui croît dans les lieux incultes. 12° Les Phlomis (*Phlomis fruticosa*, *tuberosa*), remarquables par de longues fleurs d'une belle couleur aurore ou violâtre. 13° Le Patchouly (*Pogostemon patchouly*), plante indienne, dont les feuilles contiennent une huile volatile d'odeur très-forte.

## 4ᵉ F. Personnées ou Anthirrinées.

Plantes herbacées ou ligneuses; feuilles opposées ou alternes, simples; fleurs en épis ou en grappes terminales; calice monosépale persistant, à quatre ou cinq divisions inégales; corolle monopétale irrégulière, à deux lèvres, souvent personnée; deux à quatre étamines; ovaire à deux loges polyspermes; style simple, stigmate terminal bilobé; fruit en capsule à deux loges.

La corolle de ces végétaux est personnée ou en masque, et de là leur nom. Leurs propriétés médicinales sont en raison de la variété des principes amers, astringents et âcres qu'ils renferment. La plupart ont, du reste, une odeur désagréable, et plusieurs sont vénéneux. Ils croissent principalement dans les régions tropicales et chaudes.

**Pr. esp.** 1° Le MUFLIER ou GUEULE DE LION (*Anthirrinum majus*), plante d'ornement, à fleurs rouges ou blanches. 2° Les DIGITALES, qui ont de magnifiques fleurs monopétales, irrégulières, campanulées, dont le tube est large et renflé au dehors. Une des plus belles est la DIGITALE POURPRÉE (*Digitalis purpurea*), dont les fleurs sont purpurines, tachetées intérieurement, pendantes et toutes tournées du même côté. Les racines et les fleurs contiennent des principes amers. 3° La SCROFULAIRE (*Scrofularia nodosa*), plante médicinale, dont la corolle, presque globuleuse, a deux lèvres. 4° La LINAIRE (*Linaria vulgaris*), plante annuelle, droite, rameuse, aux fleurs en grappes et éperonnées. 5° La GRATIOLE (*Gratiola officinalis*), plante médicinale, à fleurs jaunes ou blanches, un peu purpurines à leur limbe. 6° Les BUDLÉIA (*Budleia globosa, lindleyana*), arbrisseaux du Chili, à fleurs très-petites, réunies en boules d'un jaune doré ou en grappes d'un violet clair. 7° Les CALCÉOLAIRES (*Calceolaria excelsa, variegata*), originaires de l'Amérique méridionale, et toutes singulières par la conformation de leurs fleurs.

## 5ᵉ F. Solanées.

Plantes herbacées ou ligneuses; feuilles simples ou découpées, alternes; fleurs en épis ou en grappes; calice monosépale, persistant, à cinq divisions peu profondes; corolle monopétale ordinairement régulière, à cinq lobes; cinq étamines; ovaire à deux, trois ou quatre loges polyspermes; style simple; stigmate terminal bilobé; fruit capsulaire ou bacciforme, à deux ou trois loges.

Les nombreuses plantes de cette famille sont remarquables par les différences de leurs propriétés alimentaires, médicinales, vénéneuses, narcotiques, etc., toutes réunies dans le genre des morelles, dont les espèces sont aussi multipliées que leur emploi. Quelques-unes contiennent une matière amère; d'autres, une huile volatile et balsamique, un suc acide, un principe âcre, etc.; enfin plusieurs portent des tubercules d'une immense ressource pour l'homme. L'Amérique centrale est plus riche en Solanées que tout le reste du globe, à cause de l'abondance des morelles qu'elle produit.

**Pr. esp.** 1° La Morelle tubéreuse, universellement connue sous le nom de Pomme de terre (*Solanum tuberosum*), originaire du Pérou, et dont les tubercules souterrains sont, après les céréales, l'aliment le plus précieux pour l'homme, en même temps qu'ils servent à préparer de l'amidon, de l'alcool et du sucre. 2° L'Aubergine ou Mélongène (*Solanum melongena*), à gros fruits charnus, blancs ou violets, que l'on mange cuits. Une de ses variétés, la Mélongène ovifère (*S. oviferum*), à fruit ovale, d'un blanc luisant, ressemblant à un œuf de poule, se cultive comme plante d'agrément. 3° La Tomate ou Pomme d'amour (*Lycopersicum esculentum*), dont le fruit est une baie rouge. 4° L'Alkékenge (*Physalis alkekengi*), plante indigène, à baie aigrelette plus ou moins agréable au goût, et enveloppée d'un calice accrescent qui se colore en rouge. 5° Le Piment (*Cap-*

*sicum annuum*), dont les fruits s'emploient comme assaisonnement. 6° Le Tabac (*Nicotiana tabacum*), originaire d'Amérique, et importé en Europe par les Portugais. Ses fleurs roses ont une corolle en étoile, à cinq divisions ; ses feuilles, longues et larges, ont une odeur désagréable quand elles sont fraîches ; mais, lorsqu'elles ont subi un commencement de fermentation, cette odeur se modifie et devient piquante : on les coupe alors en petits fragments, ou on les réduit en poudre, pour en faire du tabac à fumer ou à priser. 7° La Molène ou Bouillon blanc (*Verbascum thapsus*), très-commune dans les lieux incultes et sur les bords des routes. Ses fleurs jaunes sont adoucissantes et pectorales. 8° La Jusquiame (*Hyoscyamus niger*), plante vénéneuse, employée en médecine à très-petites doses. 9° La Belladone (*Atropa belladona*), dont les fruits, semblables à des cerises, sont un poison violent. 10° La Mandragore (*Mandragora officinalis*), espèce très-voisine de la belladone, et très-redoutable par ses qualités délétères. 11° La Stramoine (*Datura stramonium*), herbe annuelle et médicinale, qui croît sur les fumiers et dans les lieux incultes. 12° Le Datura en arbre (*Datura arborea*), remarquable par la grandeur de ses fleurs, dont la corolle en entonnoir est à limbe plissé.

## 6ᵉ F. Borraginées.

Plantes herbacées ou ligneuses ; tige cylindrique ; feuilles alternes, ordinairement parsemées de poils rudes, naissant sur une glande vésiculeuse ; fleurs en épis roulés en crosse à leur sommet ; corolle monopétale, ordinairement régulière, à cinq lobes ; calice monosépale, régulier, persistant, à cinq lobes ; cinq étamines ; ovaire quadrilobé à quatre loges monospermes ;

un style terminé par un stigmate bilobé; fruit en capsule, en baie, ou en forme de quatre akènes.

Les Borraginées se plaisent généralement dans les terrains secs et sablonneux. Les cultivateurs n'en tirent aucun parti pour la nourriture des bestiaux ; mais les horticulteurs en choisissent quelques-unes pour l'ornement, et le plus grand nombre est employé en médecine. Certaines espèces contiennent un principe colorant fort en usage dans la teinture.

**Pr. esp.** 1° La Bourrache (*Borago officinalis*), aux fleurs étoilées, bleues ou violettes ; on en fait des infusions sudorifiques. 2° La Consoude (*Symphitum officinale*), plante commune dans les prés et dans les vergers. Ses feuilles et sa racine noire sont un remède contre les hémorragies. 3° La Cynoglosse (*Cynoglossum officinale*), plante autrefois réputée narcotique. 4° La Pulmonaire (*Pulmonaria officinalis*), dont les bouquets de fleurs bleues et les feuilles glauques, maculées de blanc, sont d'un bel effet dans les bois et les parcs. On a longtemps considéré la pulmonaire comme le meilleur remède contre les affections pectorales. 5° Le Myosotis (*Myosotis perennis*), charmante miniature, vivace et rustique, à petites fleurs bleu d'azur, dont l'aspect est si agréable que dans le langage vulgaire on les a désignées par ces mots : *plus je vous vois, plus je vous aime.* 6° L'Héliotrope (*Heliotropium peruvianum*), ainsi nommé parce que ses fleurs se tournent toujours du côté du soleil. On cultive celui du Pérou à cause du parfum que répandent ses fleurs. 7° La Buglose (*Anchusa tinctoria*) ; c'est de sa racine que l'on extrait cette couleur rouge employée par les teinturiers et surtout par les confiseurs.

## 7ᵉ F. Convolvulacées.

**Plantes herbacées** ; tige volubile ou grimpante ; feuilles alternes, simples, lobées, lactescentes ; fleurs axillaires ou terminales ; calice monosépale à cinq divisions ; corolle monopétale, régulière, à cinq divisions ; cinq étamines ; ovaire simple et supère, à deux ou quatre loges polyspermes ; style simple ou double ; fruit en capsule, de deux à quatre valves et contenant de une à quatre loges.

La plupart des plantes de cette famille, qui doit son nom au genre *Convolvulus*, sont grimpantes et volubiles. Elles abondent sous la zone torride, dans les lieux bas et voisins de la mer. Les espèces non grimpantes ressemblent à certaines solanées.

**P. G.** 1° Les Liserons, où l'on remarque comme espèces : le Liseron des champs (*Convolvulus arvensis*, pl. XX, fig. 1), celui des haies (*Calystejia sepium*). Le Liseron tricolore ou Belle de jour (*Conv. tricolor*), originaire du Portugal, plante non volubile, dont la corolle bleue sur les bords du limbe, blanche au milieu, jaune soufre à la gorge, ne s'ouvre que le matin. Le Liseron jalap (*Conv. jalapa*) du Mexique, dont les rhizomes, ainsi que ceux de quelques autres espèces, produisent une substance médicinale dont on a fait grand usage comme purgatif. 2° Les Patates, comprenant plusieurs espèces américaines qui servent d'aliment comme la pomme de terre. On cultive la Patate comestible (*Batatas edulis*) dans les régions tropicales, et dans les parties méridionales de l'Europe. 3° Les Ipomées, parmi lesquelles on distingue l'Ipomée pourpre ou Volubilis (*Ipomœa purpurea*), à feuilles cordiformes, à fleurs grandes, pourpres à l'intérieur, et d'un blanc violacé à l'extérieur. On connaît plusieurs autres ipomées qui font de beaux effets pour l'ornement. 4° Les Cuscutes (*Cuscuta*), herbes volubiles et parasites, appartiennent à cette famille.

## 8ᵉ F. Bignones.

Plantes ligneuses ou herbacées ; feuilles opposées ou alternes ; fleurs terminales ou axillaires ; calice monosépale, persistant, à cinq dents ; corolle monopétale irrégulière, à quatre ou cinq lobes ; quatre étamines souvent didynames, quelquefois un filament stérile ; un style ; un stigmate bilobé ; fruit en capsule, à deux loges, dont la cloison est parallèle aux valves.

Dans cette famille on a joint au genre BIGNONE quelques-unes des plus belles plantes équinoxiales. Les unes sont des arbres ou des arbustes élégants par leur port et la souplesse de leurs rameaux grimpants, les autres, des herbes remarquables par la grandeur et l'éclat de leurs fleurs.

**Pr. esp**. 1° La BIGNONE (*Bignonia capensis*), arbrisseau de un à deux mètres, à feuilles ailées et à fleurs d'un rouge pourpre en grappes terminales. 2° Le CATALPA de la CAROLINE (*Catalpa syringifolia*), à fleurs en panicules, blanches, tachetées de pourpre et de jaune. 3° Le PAULONIA IMPÉRIAL (*Paulownia imperialis*), aux grandes feuilles en cœur, et aux fleurs odorantes, en longues panicules bleues. 4° Les PENSTEMONS (*Penstemon ovatum, gentianoides*), genre américain qui fournit plusieurs espèces pour l'agrément. 5° Les GALANES (*Chelone glabra, obliqua, rosea*), plantes vivaces, à fleurs blanches, rouges, ou roses, en épis ou en grappes. 6° Les GLOXINIES (*Gloxinia maculata, lutea, caulescens, speciosa*), plantes tropicales, à racines tuberculeuses

et à fleurs solitaires, penchées, dont la corolle est violette, blanche, etc. 7° Les Gesnères, également de
l'Amérique tropicale. La Gesnère de Gérold (*Gesneria
geroldiana*) est une belle espèce à corolle penchée, écarlate supérieurement, et jaune ponctuée de rouge-brun
inférieurement.

La huitième classe contient encore d'autres familles où se
trouvent plusieurs végétaux remarquables :

1° Les **Pédiculaires** ou **Orobanchées**, qui donnent : 1° la
Pédiculaire des bois et celle des marais (*Pedicularis sylvatica, palustris*), herbe âcre, à fleurs brillantes et à feuilles découpées ; 2° les Véroniques (*Veronica elatior, lindleyana*),
aux petites fleurs bleues à corolle rotacée portant seulement
deux étamines ; 3° l'Orobanche (*Orobanche major*), plante parasite, d'un aspect triste, et qui paraît comme desséchée.

2° Les **Acanthées**, qui abondent entre les tropiques et fournissent à nos jardins : 1° l'Acanthe sans épines (*Acanthus
mollis*), remarquable par la beauté pittoresque de ses feuilles,
figurées sur les chapiteaux des colonnes d'ordre corinthien ;
2° la Carmantine écarlate (*Justicia coccinea*), arbrisseau de
Cayenne, à feuilles veinées et à belles fleurs en épis tétra-
gones.

3° Les **Gattiliers**, arbrisseaux généralement élégants. L'espèce commune (*Vitex agnus castus*), nommée Arbre au poivre
à cause de la saveur âcre et aromatique de ses fruits, a des rameaux longs et flexibles, et des fleurs en cymes terminales qui
produisent un bel effet. On a joint à cette famille la Verveine
*Verbena triphylla*), connue par son principe aromatique.

4° Les **Polémoniacées**, qui renferment : 1° la Polémoine
bleue (*Polemonium cœruleum*), espèce élégante des contrées
méditerranéennes ; 2° les Phlox (*Phlox suffruticosa, candida,
decussata*), à fleurs régulières, blanches ou violettes, dont les
corolles se composent d'un tube droit plus ou moins long,
terminé par un limbe plane ; 3° le Cobéa grimpant (*Cobœa
scandens*), arbrisseau du Mexique, que l'on cultive partout pour
couvrir les berceaux ; on en décore les murs et les fenêtres,
tant à cause de la rapidité de sa croissance que de la beauté
de ses fleurs, qui changent successivement de couleur, depuis
le rouge-brun jusqu'au violet intense.

5° Les **Gentianées**, qui ont pour type le genre Gentiane

(*Gentiana*), très-commun dans nos climats. Ces plantes ont pour la plupart des racines amères, toniques et vermifuges.

6° Les **Apocynées**, où se trouvent : 1° l'Apocyn ou Tue-chien (*Apocynum androsœmifolium*), à fleurs en cyme d'une jolie couleur rose ; 2° les Pervenches (*Vinca major, minor*), aux fleurs bleues très-connues ; 3° les Asclépiades (*Asclepias incarnata, syriaca, carnosa*), belles plantes américaines ; 4° le Laurier rose (*Nerium oleander*), à feuilles verticillées, et dont les fleurs roses, ou blanches, doublent facilement.

# NEUVIÈME CLASSE.

## PÉRICOROLLIE.

*Dicotylédonés, Monopétales, Etamines périgynes.*

Les trois principales familles que renferme cette classe sont : 1° Les **Campanulacées**, 2° les **Ericinées** ou **Bruyères**, 3° les **Rosages**.

## 1<sup>re</sup> F. Campanulacées.

Plantes herbacées, lactescentes ; feuilles alternes et entières, quelquefois opposées ; calice monosépale, de quatre à huit divisions ; corolle monopétale, régulière ou irrégulière, lobée comme le calice ; cinq étamines ; ovaire infère, à deux ou plusieurs loges polyspermes ; style simple, terminé par un stigmate lobé ; fruit en capsule à deux ou plusieurs loges ; graines nombreuses.

Les Campanulacées ont reçu leur nom de la forme de leur corolle, qui représente une clochette (*Campana*). Ce sont des plantes annuelles ou vivaces, généralement laiteuses. Elles abondent surtout dans l'ancien continent, et servent principalement à l'ornement des jardins, où quelques-unes étalent les plus vives couleurs.

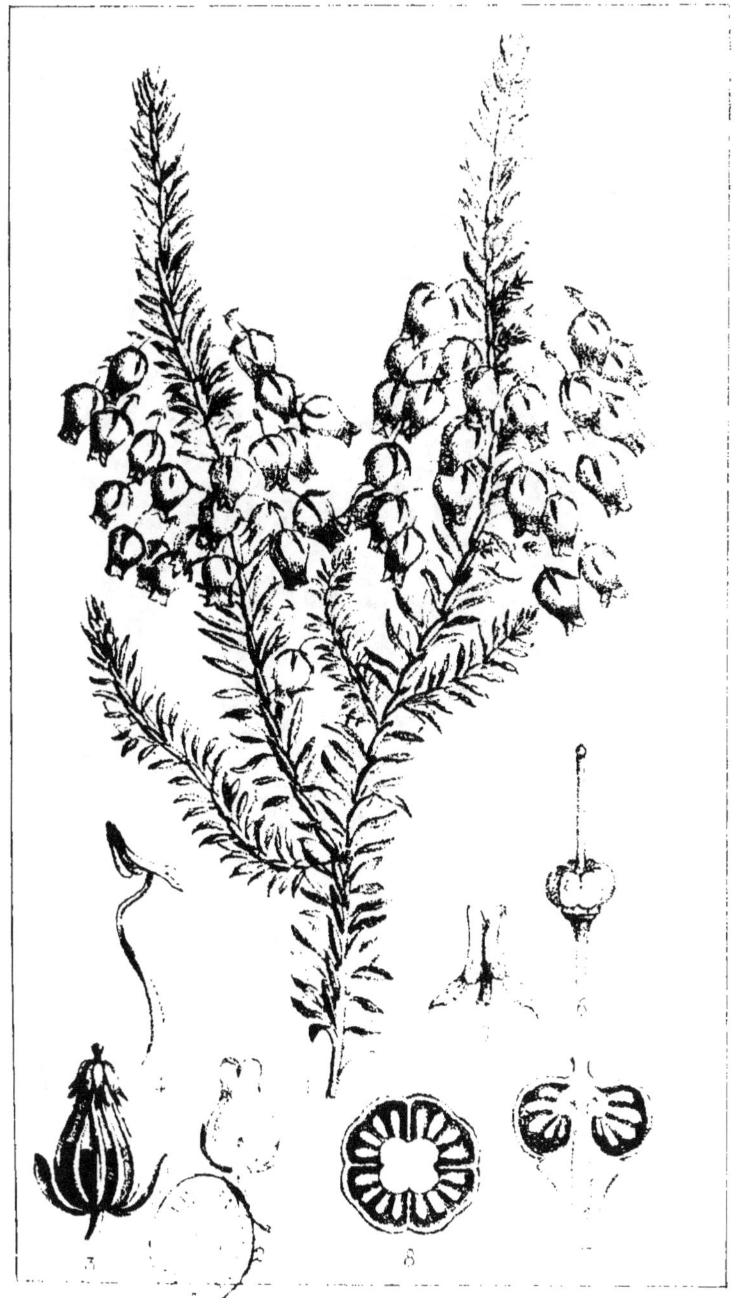

**P. G.** 1° Les CAMPANULES, dont on cultive un grand nombre d'espèces : la CAMPANULE A FEUILLES DE PÊCHER (*Campanula persifolia*), espèce indigène, vivace et rustique, qui double facilement par la culture. La CAMPANULE PYRAMIDALE ( *C. pyramidalis*), plante bisannuelle, dont les fleurs forment une belle pyramide, souvent haute de plus d'un mètre. La CAMPANULE ÉLÉGANTE (*C. speciosa*) de la Sibérie dont les grandes fleurs sont d'un beau violet foncé. La C. RAIPONCE et la C. DOUCETTE (*C. rapunculus, speculum*), plantes potagères que l'on mange en salade. 2° Les LOBÉLIES, dont la plus belle espèce, la LOBÉLIE CARDINALE (*Lobelia cardinalis*), est une plante vivace de la Virginie, aux fleurs écarlates en grappes terminales, d'un agréable aspect. 3° Les TRACHÉLIES, parmi lesquelles on remarque la TRACHÉLIE BLEUE (*Trachelium cœruleum*) d'Alger, fort jolie plante bisannuelle.

## 2e F. Bruyères.

Plantes ligneuses ; feuilles généralement simples, alternes ; calice monosépale à cinq divisions , quelquefois très-profondes ; corolle régulière, monopétale, à quatre ou cinq lobes ; étamines en nombre double des divisions de la corolle ; anthères à deux pointes au sommet ; ovaire infère ou libre, de trois à cinq loges polyspermes ; style simple, terminé par un stigmate lobé comme l'ovaire ; fruit en capsule ou en baie, s'ouvrant en autant de valves qu'il y a de loges.

Les BRUYÈRES sont composées d'un très-grand nombre d'arbustes et d'arbrisseaux, ou plutôt d'arbres en miniature, toujours verts. la plupart d'Afrique, et particulièrement du cap de Bonne-Espérance, les autres d'Europe ; ils sont tous remarquables par l'élégance de leur feuillage, par les formes et les couleurs variées de leurs fleurs. On s'en sert pour bois de chauffage, balais, litières, etc.

**Pr. esp.** 1° La Bruyère commune (*Erica vulgaris*), à fleurs roses ou lilas, qui couvre plusieurs de nos provinces dépourvues de forêts. 2° La Bruyère arborescente (*E. arborea*), arbuste assez élevé, aux fleurs petites, blanches et panachées. 3° La Bruyère a balais (*E. scoparia*), dont les petites fleurs verdâtres sont nombreuses et presque unilatérales. 4° La Bruyère cendrée (*E. cinerea*), à feuilles blanchâtres et à fleurs purpurines. 5° La Bruyère de la méditerranée (*E. mediterranea*), aux corolles violacées d'où sortent les anthères brunes des étamines resserrées en faisceau. 6° La Bruyère ardente (*E. ardens*, pl. XXI, fig. 1), aux jolies fleurs d'un rose intense.

On trouve encore dans cette famille : 1° L'Arbousier (*Arbutus unedo*), arbrisseau toujours vert, qui croît sur les rochers stériles, et dont le fruit est une baie rouge ressemblant à une fraise. 2° L'Airelle myrtille (*Vaccinium myrtillus*), petit arbuste ressemblant au myrte.

Plusieurs botanistes rapprochent des bruyères les Épacridées, arbrisseaux de la Nouvelle-Hollande, se cultivant en serre. Leurs feuilles sont ovales, petites, leurs fleurs en guirlandes, blanches ou d'un beau rouge ; il en existe plusieurs espèces : (*Epacris glandiflora, autumnalis, etc.*).

### 3e F. Rosages.

**Plantes ligneuses; calice divisé; corolle en cloche à cinq lobes profonds ; de cinq à dix étamines qui se portent toutes vers la partie inférieure.**

Tous les ROSAGES sont des arbres, ou des arbrisseaux élégants, qui habitent les hautes montagnes de l'un et l'autre hémisphère. Ils font aujourd'hui l'ornement des jardins par la beauté de leurs corymbes, chargés de fleurs souvent très-grandes, variant du blanc rosé au rouge le plus vif. Le vert foncé et luisant de leurs feuilles contraste avec la couleur jaunâtre de leurs rameaux, qui brunissent en vieillissant. Ces végétaux, quoique peu sensibles au froid, sont assez délicats pour exiger des soins particuliers de culture.

**Pr. esp.** 1° RHODODENDRON EN ARBRE (*Rhododendrum arboreum*), originaire des montagnes de l'Inde, qui porte des fleurs roses ou d'une belle couleur pourpre, disposées en corymbes hémisphériques : il en est plusieurs variétés. 2° Le RHODODENDRON A GRANDES FLEURS (*R. maximum*), de l'Amérique septentrionale, à corymbes convexes, d'un rose plus ou moins intense. 3° Le ROSAGE VELU (*R. hirsutum*) des Alpes, dont les fleurs sont petites et purpurines, et les étamines d'une belle couleur jaune d'or. 4° Le ROSAGE DU PONT (*R. ponticum*), aux corolles dont la nuance varie depuis le blanc-lilas jusqu'au violet clair. 5° Les AZALÉES (*Azalea nudiflora, viscosa, indica*), petits arbrisseaux d'Amérique et d'Asie, à fleurs solitaires, blanches, roses, pourpres, jaunes ; il s'en trouve qui réunissent deux ou trois de ces couleurs. 6° Les KALMIES (*Kalmia latifolia, hirsuta, glau-*

*ca*), arbrisseaux qui se rencontrent à chaque pas dans les contrées froides de l'amérique septentrionale.

Cette classe renferme encore la famille des **Plaqueminiers,** arbres dont le bois, très-dur, est souvent d'une teinte noire à son centre. Une espèce de ce genre, l'Ebénier (*Diospyros ebenum*), fournit le *bois d'ébène.*

A côté des Plaqueminiers viennent se ranger : 1º le Sapotillier (*Achras sapota*), renommé dans les Antilles pour l'excellence de son fruit, et dont le tronc et les branches sont remplis d'un suc lactescent ; 2º l'Arbre a lait (*Galactodendron utile*), de la Colombie, dont on retire par incision une énorme quantité d'un liquide blanc et épais, propre à la nourriture de l'homme ; 3º l'Aliboufier officinal (*Styrax officinale*), aux fleurs blanches de forme semblable à celles de l'oranger. Il croît naturellement en Provence, en Italie et dans le Levant. Le Styrax benzoin, de Sumatra et de Java, donne par incision le *benjoin*, baume suave, d'un grand usage en parfumerie.

# DIXIÈME CLASSE.

## ÉPICOROLLIE SYNANTHÉRIE.

*Dicotylédonés, Monopétales, Étamines épigynes, Anthères réunies.*

La classe des Synanthérées se divise en trois familles principales : 1º Les **Semi-flosculeuses**, 2º Les **Flosculeuses**, 3º Les **Radiées**.

Cette classe renferme des plantes à fleurs réunies en capitules et connues sous le nom de fleurs **composées**. Chaque capitule est formé d'un réceptacle convexe ou concave, sur lequel sont placées de petites fleurs tubuleuses, et d'une enveloppe écailleuse ou calice commun. Les fleurettes réunies présentent souvent à leur base de

petites paillettes ou écailles comme l'artichaut. Ces fleurettes sont de deux sortes : 1° Les *fleurons*, c'est-à-dire celles qui ont une corolle tubulée, dont le limbe se divise en cinq segments assez réguliers, et les *demi-fleurons*, ou celles dont la corolle, à tube ordinairement très-court, se prolonge d'un seul côté en une languette entière ou dentée à son sommet ; chaque fleurette a un style simple, terminé par un stigmate bifide ; cinq étamines, réunies par les anthères. Le fruit est un akène nu, ou couronné par des écailles ou par une aigrette de poils.

Les plantes **Synanthérées** ou **Composées** sont nettement caractérisées par la structure, la disposition et l'ensemble de leurs organes reproducteurs. Cette classe, qui contient plus de sept cents genres dispersés par toute la terre, fournit à l'homme de très-grandes ressources, plus encore pour ses besoins que pour son agrément. Ses nombreuses espèces ont été rangées en trois familles : 1° Les **Semi-flosculeuses**, plantes où le capitule est entièrement composé de fleurs à corolle ligulée ou demi-fleurons. 2° Les **Flosculeuses**, dont le capitule est entièrement composé de fleurs à corolle tubuleuse, ou fleurons. 3° Les **Radiées**, dont les fleurs ont leur réceptacle chargé de fleurons au centre, et sont environnées à la circonférence par une couronne de demi-fleurons, ce qui donne au capitule l'aspect d'un disque entouré par ses rayons.

## 1<sup>re</sup> F. Semi-flosculeuses.

Fleurs mixtes en languette; aigrette nulle ou simple, plumeuse ou écailleuse; réceptacle nu, ou garni de poils ou de paillettes.

**Pr. esp.** 1° La Chicorée (*Cichorium intybus*), remarquable par ses fleurs bleues. La racine et la feuille de la Chicorée sauvage sont usitées en médecine; la racine de la Chicorée cultivée constitue le *café chicorée*, et ses feuilles se mangent cuites ou en salade. La Chicorée endive (*C. endivia*), moins amère que la précédente, a deux variétés cultivées; l'une peu amère, à feuilles larges : c'est la Scarole; l'autre plus amère, à feuilles découpées et crépues : c'est la Chicorée frisée. 2° La Laitue (*Lactuca sativa*), également potagère et médicinale. On en cultive plusieurs variétés : Laitues romaine, pommée, frisée, etc. 3° Le Salsifis (*Tragopogon pratensis*). 4° Le Scorsonère (*Scorzonera hispanica*). 5° Le Pissenlit (*Taraxacum dens leonis*), plantes dont les propriétés et les usages sont connus.

## 2<sup>e</sup> F. Flosculeuses.

Fleurs toutes tubuleuses; réceptacle charnu, presque toujours garni de paillettes; stigmate articulé au sommet du style; feuilles souvent épineuses et roncinées.

**Pr. esp.** 1° Le Chardon-marie (*Carduus marianus*), qui croît dans les lieux incultes; il sert à l'alimentation des bestiaux et donne des cendres assez riches en potasse. 2° L'Artichaut (*Cynara scolymus*), aux feuilles raides, découpées et piquantes. On en mange les capitules, que l'on recueille avant l'épanouissement de la fleur.

3° Le Cardon (*C. cardunculus*), plus petit que l'artichaut, et dont les nervures fournissent encore un aliment usité.

4° L'Armoise commune (*Artemisia vulgaris*), à laquelle se rattachent l'Absinthe (*A. absinthium*), la Citronnelle (*A. abrotanum*) et l'Estragon (*A. dracunculus*). Cette espèce contient des principes amers et aromatiques.

5° Les Centaurées, dont les fleurs sont stomachiques et vermifuges. La Centaurée bleuet (*Centaurea cyanus*) s'épanouit au milieu des blés à l'époque des moissons.

6° Le Carthame (*Carthamus tinctorius*), originaire de l'Inde, et dont les fleurs fournissent deux principes colorants, l'un rouge, l'autre jaune. 7° Les Immortelles (*Gnaphalium*), qui forment un genre divisé en plusieurs groupes secondaires : ce sont des plantes d'ornement, dont les involucres colorés persistent longtemps après avoir été détachés de la tige. L'Immortelle jaune (*Helichrysum orientale*) porte des capitules d'un beau jaune luisant. 8° La Gaillarde (*Gaillardia picta*) du Mexique aux fleurs à disque brun et à rayons d'un beau rouge foncé terminés en jaune. 9° La Tanaisie (*Tanacetum vulgare*), plante à feuillage élégamment découpé, et dont les fleurs sont des corymbes serrés d'un jaune très-éclatant.

### 3ᵉ F. Radiées.

Capitules composés de fleurons au centre, et de demi-fleurons rangés autour d'un disque ressemblant à une étoile rayonnante. Le réceptacle est peu ou point charnu. Le stigmate n'est pas articulé sur le style.

**Pr. esp.** 1° La Paquerette, ou Petite Marguerite (*Bellis perennis*), dont on cultive les variétés à fleurs doubles. 2° La GRANDE MARGUERITE DES PRÉS (*Chrysantemum leucanthemum*), plante indigène, commune dans les prairies. La CHRYSANTHÉME DES JARDINS (*C. frutescens*) est un arbrisseau des Canaries aux capitules à demi-fleurons blancs. 3° Le SOUCI (*Calendula officinalis*), qui porte des fleurs d'un jaune orange vif. 4° Les ASTÈRES, plantes généralement vivaces et robustes, dont les capitules de toutes nuances paraissent à côté des fleurs d'automne. La plus belle, originaire de Chine, est la REINE-MARGUERITE (*Aster sinensis*), espèce annuelle qui orne les jardins de ses nombreuses variétés. 5° Les TAGÈTES, dont le plus communément cultivé, l'ŒILLET D'INDE (*Tagetes erecta*), a une odeur forte et désagréable. 6° Les SÉNEÇONS, que l'on rencontre partout, dans toutes les saisons, et dont une jolie espèce africaine, le SÉNEÇON ÉLÉGANT (*Senecio elegans*, pl. XXII, fig. 1), est cultivée pour l'ornement, ainsi que les CINÉRAIRES (*Cineraria melloïdes, populifolia*), maintenant réunies aux séneçons. 7° La VERGE D'OR (*Solidago virga aurea*), plante colorante, commune dans les bois. On cultive pour l'ornement la VERGE D'OR DU CANADA (*Solidago canadensis*). 8° Le CORÉOPSIS (*Coreopsis tinctoria*), aux fleurs brillantes, noires au centre, et jaunes à la circonférence. 9° Le DAHLIA DU MEXIQUE (*Dahlia mexicana*), dont on a obtenu de nombreuses variétés, remarquables par leurs brillantes couleurs, et qui se propagent aisément par leurs racines tuberculeuses. 10° Le ZINNIA ÉLÉGANT (*Zinnia elegans*), du même pays, à demi-fleurons d'un rose pourpré, et à disque conique d'un pourpre obscur. 11° Les HÉLIANTHES, dont les espèces les plus intéressantes sont le

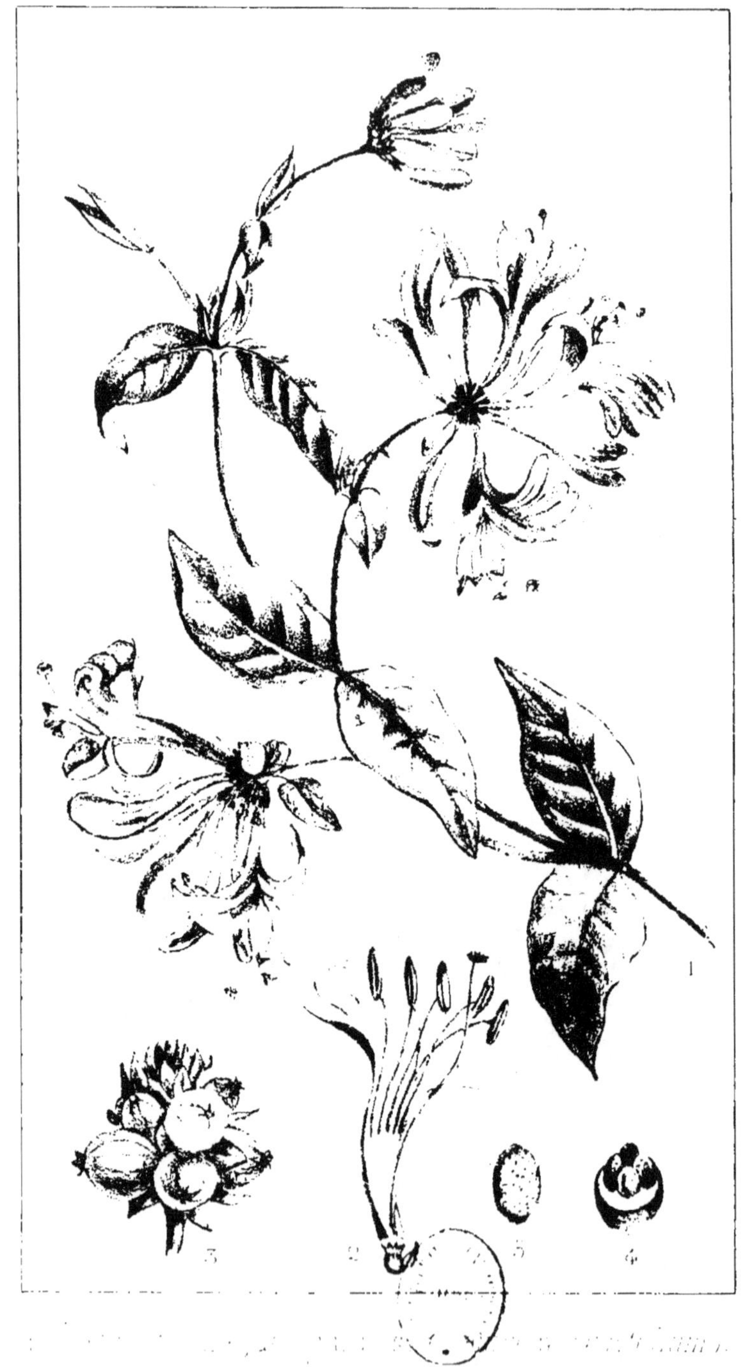

Tournesol ou Grand-Soleil (*Helianthus annuus*), remarquable par la grandeur de ses capitules, et le Topinambour (*H. tuberosus*), dont la racine fournit des tubercules charnus, rougeâtres extérieurement, qui sont un aliment pour l'homme et les animaux domestiques. 12° La Camomille noble, ou romaine (*Anthemis nobilis*), employée comme excitant et stomachique. 13° L'Anthémis des Indes (*Anthemis grandiflora*), vulgairement Chrysanthème d'automne, aux fleurs de couleurs variées. 14° La Millefeuille (*Achillea millefolium*), plante médicinale.

# ONZIÈME CLASSE.

### ÉPICOROLLIE CORYSANTHÉRIE.

*Dicotylédonés, Monopétales, Étamines épigynes, Anthères libres.*

Cette classe renferme quatre familles principales : 1° Les **Dipsacées**, 2° les **Valérianées**, 3° les **Rubiacées**, 4° les **Caprifoliacées**.

## 1<sup>re</sup> F. Dipsacées.

Plantes herbacées; feuilles opposées; fleurs en capitules ; calice double, l'extérieur simple, l'interne adhérent avec l'ovaire; corolle tubuleuse à quatre ou cinq divisions ; étamines en même nombre que les divisions de la corolle ; ovaire infère, uniloculaire, monosperme; style et stigmate simples ; fruit en akène.

Les Dipsacées, dont le nom signifie en grec *guérir la soif*, portent des feuilles opposées et soudées ensemble, qui forment une sorte de réservoir où s'amassent et se conservent les eaux pluviales. Ces plantes se rencontrent surtout dans la partie orientale du bassin de la Méditerranée. Leurs propriétés médicinales sont peu estimées, mais quelques-unes sont très-utiles à l'industrie.

On trouve dans cette famille : 1° Le CHARDON A FOULON (*Dipsacus fullonum*), dont les capitules, mûrs et secs, sont employés en guise de cardes par les bonnetiers et les fabricants d'étoffes de laine, pour peigner leurs tissus et en tirer les poils. 2° Les SCABIEUSES, qui donnent à nos jardins une belle espèce à fleurs pourpre foncé, la SCABIEUSE VEUVE (*Scabiosa atropurpurea*).

## 2ᵉ F. Valérianées.

Plantes herbacées ; feuilles opposées ; fleurs ordinairement en grappes terminales ; calice simple, à divisions roulées en dedans ; corolle monopétale à cinq lobes souvent inégaux, parfois éperonnée ; une à cinq étamines ; ovaire uniloculaire, monosperme ; style simple ; stigmate trifide ; fruit en akène, couronné par les dents du calice ou par une aigrette plumeuse.

Les plantes de cette famille, que l'on trouve dans l'ancien et le nouveau continent, sont des herbes tantôt annuelles, à racine grêle et inodore, tantôt vivaces, à rhizome presque ligneux, ordinairement odorant. Elles sont en grande réputation dans la médecine moderne, et placées au premier rang parmi les antispasmodiques.

**Pr. esp.** 1° La VALÉRIANE OFFICINALE (*Valeriana officinalis*), employée en médecine surtout contre les affections indiquées sous les noms de spasmes, de vapeurs et de maux de nerfs. 2° La VALÉRIANE ROUGE (*V. rubra*), plante d'ornement, qui se distingue par ses larges touffes de fleurs. 3° La Mache ou Doucette (*V. locusta*), plante potagère, dont les feuilles se mangent en salade.

### 3ᵉ F. Rubiacées.

Plantes herbacées ou ligneuses ; feuilles opposées ou verticillées, à stipules ; fleurs axillaires ou terminales ; calice monosépale, quelquefois à peine visible ; corolle monopétale régulière, à quatre ou cinq divisions ; étamines en même nombre que les divisions de la corolle ; ovaire infere ; style simple ou bifide ; fruit en coque double, ou charnu.

Cette famille, dont les plantes croissent en grande partie dans les contrées intertropicales, est regardée comme une des plus importantes par les ressources que ses espèces fournissent à l'homme. Elles doivent leurs vertus médicinales aux principes amers et astringents qu'elles contiennent. L'écorce de quelques espèces est fébrifuge, la racine de certaines autres est émétique ; il en est dont les baies sont comestibles ou la graine d'un usage presque indispensable de nos jours ; enfin, quelques-unes fournissent une matière tinctoriale connue.

**Pr. esp.** 1° La Garance (*Rubia tinctorum*), qui a donné son nom à cette famille, et qui fournit une couleur rouge à la teinture. Ses fleurs jaunes donnent des baies noires ; elle croît naturellement en Orient et dans le midi de l'Europe. En France, on la cultive particulièrement à Avignon et en Alsace. 2° L'Aspérule (*Asperula cynanchica*), aux petites fleurs blanches, qui croît sur les collines de toute l'Europe, et dont les feuilles contiennent un principe amer. 3° Le Caféyer ou Cafier (*Coffea arabica*), arbrisseau d'Arabie, transporté au xviiᵉ siècle en Amérique, à Saint-Domingue, à la Martinique, à l'île Bourbon. Les fleurs du caféyer se changent en baies rouges qui renferment deux graines connues sous le nom de *café*. On en fait deux ou trois récoltes par an. 4° Le Quinquina du Pérou (*Cinchona officinalis*), dont l'écorce donne la substance fébrifuge appelée *quinine*. 5° L'Ipécacuanha (*Cephaelis ipecacuanha*), dont les racines fournissent la poudre vomitive de ce nom. 6° La Gardène aux grandes fleurs ou Jasmin du Cap (*Gardenia florida*), à fleurs blanches, solitaires et odorantes.

## 4ᵉ F. Caprifoliacées.

Plantes ligneuses ; feuilles opposées ou alternes sans stipules ; calice monosépale à cinq dents ; corolle ordinairement monopétale, quelquefois polypétale, régulière ou anomale, infundibuliforme ou en roue ; cinq étamines alternant avec les divisions de la corolle ; ovaire infère, de une à cinq loges, monospermes ou polyspermes ; style simple ; stigmate faiblement lobé ; fruit charnu à une ou plusieurs loges (pl. XXIII).

Les Caprifoliacées sont, pour la plupart, des arbustes ou des sous-arbrisseaux dont quelques-uns sont volubiles. Elles sont plus abondantes en Asie et en Amérique qu'en Europe. Plusieurs ont des propriétés médicinales.

**Pr. esp.** 1° Le Chèvre-feuille des jardins (*Lonicera caprifolium*, pl. XXIII, fig. 1), arbrisseau indigène, sarmenteux et volubile, dont les baies ont quelques propriétés médicinales. 2° La Symphorine a grappes (*Symphoricarpos racemosa*), aux petites fleurs blanches et roses, auxquelles succèdent des baies blanches réunies par groupes, et ressemblant à de petits œufs d'oiseaux. Le Sureau (*Sambucus nigra*), dont les fleurs et l'écorce

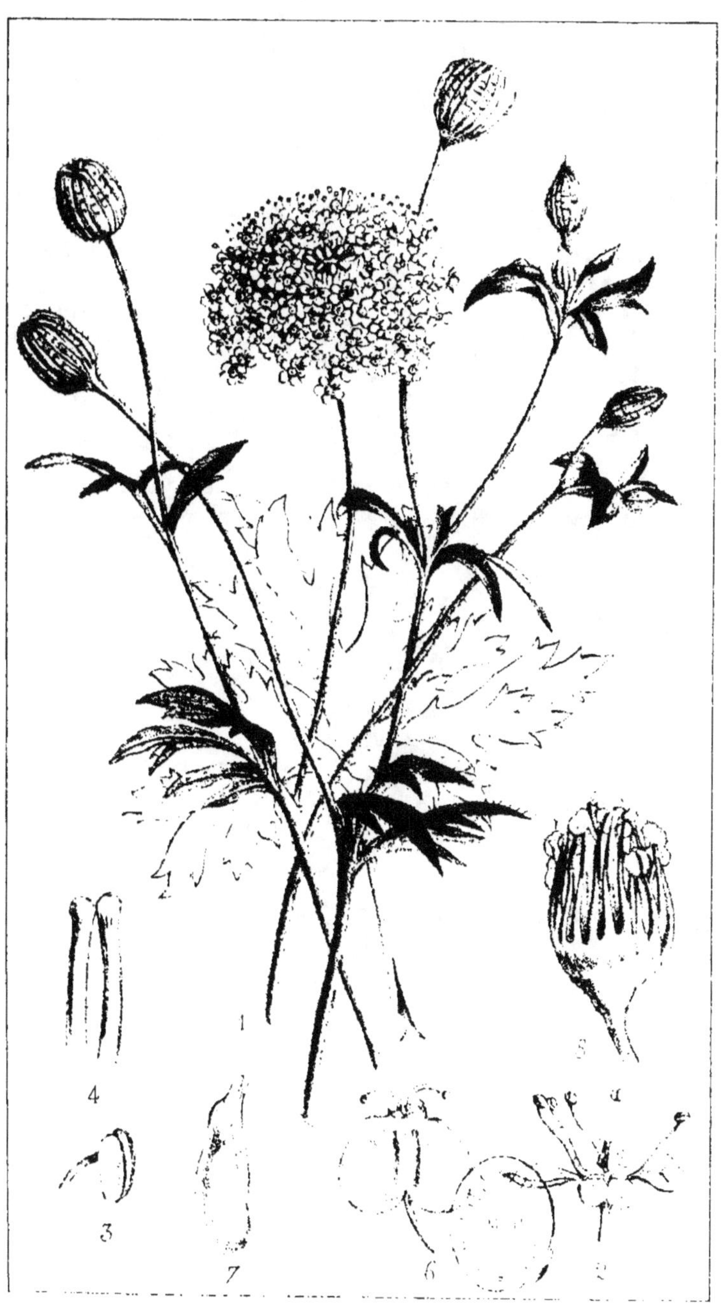

sont employées comme sudorifiques. 4° Le Lierre (*Hedera helix*), plante grimpante qui s'attache aux ormeaux. 5° Les Viornes, parmi lesquelles on distingue la Viorne-obier (*Viburnum opulus*), à fleurs blanches et à baies rouges, qui donne une très-belle variété nommée Boule de neige, et le Laurier-tin (*V. tinus*), arbrisseau toujours vert, originaire d'Espagne. 6° Le Cornouiller (*Cornus mas*), arbre petit, mais très-branchu, dont le bois est massif, l'écorce rude et pleine de nœuds, la feuille un peu épaisse et la fleur jaune. Le fruit, appelé *cornouille*, vert d'abord, et rouge quand il mûrit, est acidulé et regardé comme astringent. 7° Le Gui (*Viscum album*), plante parasite dont la feuille est toujours verte, et qui croît par touffes et gros bouquets principalement sur le hêtre, le chêne, le pommier et le poirier.

# DOUZIÈME CLASSE.

### ÉPIPÉTALIE.

*Dicotylédonés, Polypétales, Étamines épigynes.*

Cette classe renferme deux familles principales : 1° les **Araliacées**, 2° les **Ombellifères**.

## 1<sup>re</sup> F. Araliacées.

Plantes herbacées ou ligneuses ; fleurs très-petites, en ombelles ; calice monosépale, denté ; corolle de cinq ou six pétales ; ovaire infère, de deux à six ou d'un plus grand nombre de loges monospermes ; chaque loge surmontée d'un style terminé par un stigmate simple ; fruit charnu et indéhiscent, ou sec et déhiscent.

Cette famille n'est composée que de quelques herbes

et arbrisseaux exotiques, très-voisins des ombellifères, dont ils ont l'aspect. Ils ne s'en distinguent que par un plus grand nombre de loges à l'ovaire et un fruit charnu. Les ARALIACÉES ont certaines propriétés médicinales : la racine, âcre, sucrée et aromatique dans quelques espèces, jouit d'une grande réputation dans l'Asie orientale.

**Pr. esp.** 1° L'ARALIE ÉPINEUSE OU ANGÉLIQUE ÉPINEUSE (*Aralia spinosa*) de la Caroline, arbrisseau de deux à trois mètres, à tige épineuse, qui porte des feuilles grandes, des fleurs petites, d'un blanc gris, à odeur de lilas, disposées en une grande panicule chargée d'une quantité de petites ombelles. 2° La CUSSONIE A FLEURS EN THYRSE (*Cussonia thyrsoidea*), bel arbre du Cap, aux grandes feuilles digitées d'un aspect agréable, et aux fleurs peu brillantes, rares dans nos contrées.

## 2ᵉ F. Ombellifères.

Plantes herbacées, annuelles ou vivaces ; tige souvent creuse ; feuilles alternes et engaînantes, le plus souvent découpées ; fleurs très-petites à coloration variée, disposées en ombelles ou en capitules ; cinq étamines alternant avec les pétales ; ovaire infère, à deux loges monospermes ; deux styles terminés par de petits stigmates ; calice monosépale, entier ou à cinq dents, n'existant pas toujours ; corolle à cinq pétales ; fruit en akène double, contenant une graine dans chaque akène (pl. XXIV).

Les OMBELLIFÈRES forment un groupe tellement caractérisé par le port et par la structure du fruit que cette famille, une des plus anciennement composées, n'a subi que peu de modifications dans les différentes méthodes introduites par la science moderne. Ces plantes aiment les expositions fraîches et tempérées, et sont assez rares entre les tropiques. Le plus grand nombre offre à l'homme des ressources alimentaires et médicinales.

**Pr. esp.** 1° L'ANIS (*Pimpinella anisum*), originaire d'Orient, cultivé principalement dans la Touraine, et qui porte de petites graines verdâtres, favorables aux maux d'estomac. 2° Le PERSIL (*Petroselinum sativum*). 3° Le CERFEUIL (*Scandix cerefolium*). 4° La CAROTTE (*Daucus carota*). 5° L'ACHE ou CÉLERI (*Apium celeri*). 6° Le PANAIS (*Pastinaca sativa*), plantes potagères. 7° Le CUMIN (*Cuminum cyminum*) et 8° la CORIANDRE (*Coriandrum sativum*), dont les fruits sont des aromates stomachiques. 9° La PETITE CIGUË (*OEthusa cynapium*), plante indigène très-vénéneuse, qui croît dans nos jardins, souvent mêlée au persil auquel elle ressemble beaucoup, mais on les distingue en ce que le persil a des fleurs jaune verdâtre, une tige cannelée et une odeur aromatique, tandis que la petite ciguë a les fleurs blanches, la tige lisse et une odeur nauséabonde. 10° L'ANGÉLIQUE OFFICINALE (*Angelica archangelica*) de Bohème, dont les tiges, blanchies et confites au sucre, forment une conserve agréable et stomachique. 11° Le PANICAUT A FEUILLES PLANES (*Eryngium planum*), à feuilles épineuses et à fleurs membraneuses, en têtes, d'un bleu améthyste. 12° Le BUPLÈVRE FRUTESCENT (*Buplevrum fruticosum*), à feuilles glauques et à fleurs jaunes. 13° L'ASTRANCE A LARGES FEUILLES (*Astrantia major*), cultivée dans nos jardins à cause de la beauté de ses involucres. 14° Le DIDISQUE BLEU (*Didiscus cœruleus*, pl. XXIV, fig. 1), plante annuelle de la Nouvelle-Zélande, dont les fleurs sont en ombelles simples d'un bleu assez clair.

12.

# TREIZIÈME CLASSE.

### HYPOPÉTALIE.

*Dicotylédonés, Polypétales, Étamines hypogynes.*

Les principales familles contenues dans cette classe
sont : 1° les **Renonculacées**, 2° les **Papavéracées**,
3° les **Crucifères**, 4° les **Aurantiacées**, 5° les **Ampé-
lidées** ou **Vignes**, 6° les **Géraniées**, 7° les **Malvacées**, 8° les **Caryophyllées**.

## 1<sup>re</sup> F. Renonculacées.

Plantes herbacées ; feuilles alternes ; calice polysépale, souvent coloré ; corolle polypétale, quelquefois nulle ; pétales
brusquement onguiculés à leur base ; étamines nombreuses,
libres, à anthères attachées le long du bord des filets ; plusieurs ovaires supères, surmontés chacun d'un style ou d'un
stigmate simple ; quelquefois un seul ovaire ; graine renfermée
dans une capsule ou dans une baie.

Cette grande famille, presque entièrement européenne,
renferme des plantes herbacées, sous-ligneuses ou grimpantes, dont les fleurs, parfois grandes et brillantes,
sont souvent accompagnées d'un involucre trifolié, qui
semble constituer un second calice. Les RENONCULA-
CÉES contiennent presque toutes un principe âcre et
quelquefois vénéneux. La racine de plusieurs espèces
fournit une matière résineuse, purgative ou émétique.

**Pr. esp.** 1° La RENONCULE ACRE (*Ranunculus acris*), à
fleurs jaunes ; on en cultive une belle variété à fleurs
doubles, connue sous le nom de BOUTON D'OR. 2° La
RENONCULE ASIATIQUE (*R. asiaticus*), à fleurs très-éclatantes. 3° La CLÉMATITE FLAMMÉTE OU ODORANTE (*Cle-*

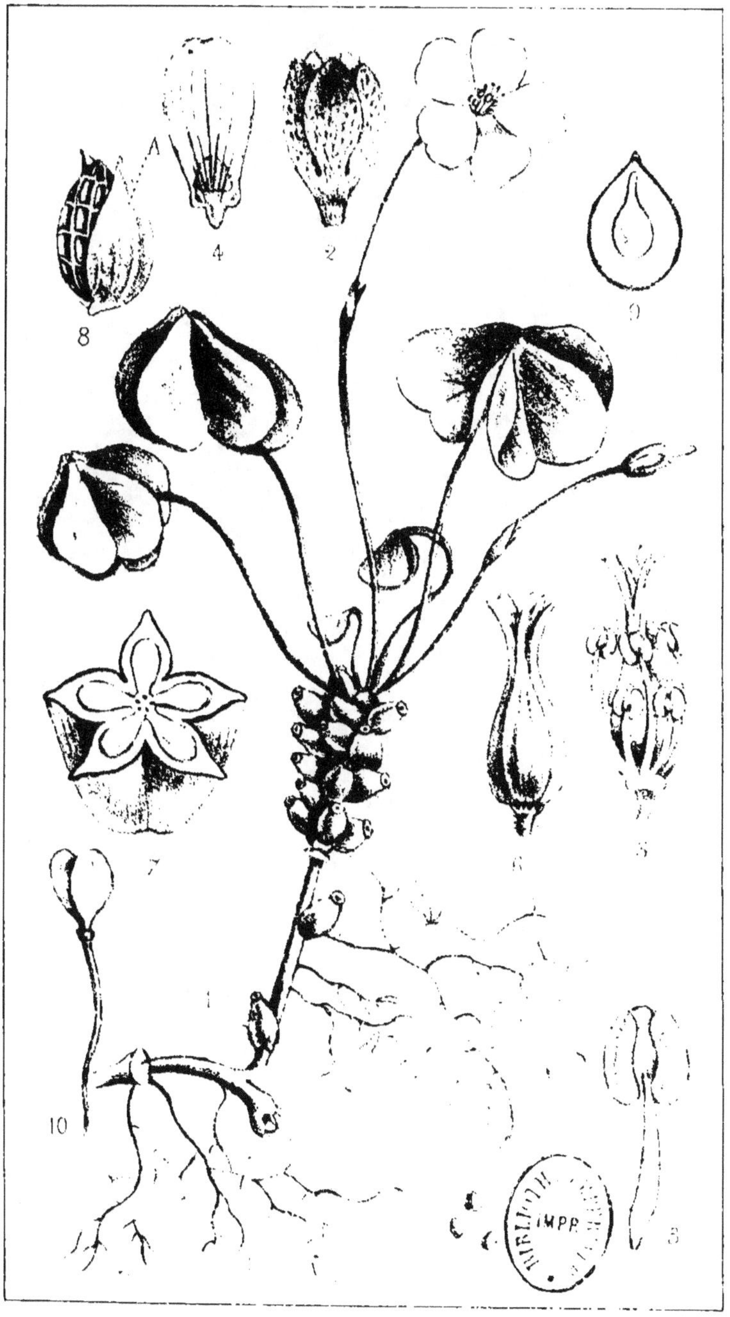

*matis flammula*), arbuste sarmenteux, à feuilles opposées et à fleurs munies d'un calice sans corolle. 4° Les
ANÉMONES, plantes herbacées, ayant un calice coloré
de cinq à quinze sépales. On remarque l'ANÉMONE DES
JARDINS (*Anemone hortensis*), à fleurs de colorations
variées, que l'on rencontre fréquemment dans les bosquets, et l'A. HÉPATIQUE (*A. hepatica*), plante basse,
aux feuilles d'abord d'un vert luisant et brunes ensuite,
aux nombreuses et jolies fleurs printanières, blanches,
roses ou bleues. 5° L'HELLÉBORE D'ORIENT (*Helleborus
orientalis*), si fameux chez les anciens et si vanté pour
le traitement des maladies mentales. Notre hellébore
officinal est l'HELLÉBORE NOIR (*H. niger*), connu sous le
nom de ROSE DE NOËL. Sa racine contient un principe
âcre et amer que la médecine met à profit, mais qui,
pris à fortes doses, peut devenir mortel. 6° L'ANCOLIE
COMMUNE (*Aquilegia vulgaris*), plante rustique, à fleurs
munies d'un calice de cinq sépales colorés, et d'une
corolle à pétales en cornets tronqués obliquement, et
éperonnés à la base. 7° Les DAUPHINELLES ou PIEDS
D'ALOUETTE, dont les fleurs, ordinairement bleues, roses
ou violettes, en grappes terminales, ont un calice coloré
formé de cinq sépales inégaux, et une corolle à quatre
pétales de formes différentes. La DAUPHINELLE ÉLEVÉE
(*Delphinium elatum*) est une espèce vivace, à grandes
fleurs d'un bleu d'azur. 8° Les ACONITS, plantes vénéneuses, à fleurs violettes ou jaunes, disposées en épis
ou en panicules. Parmi ceux que l'on cultive, on distingue l'ACONIT BICOLORE (*Aconitum hebegynum*) et
l'ACONIT NAPEL (*A. napellus*); ce dernier est un poison
violent qui, pris à petites doses, favorise la respiration.

9° Les **Pivoines**, plantes vivaces ou sous-arbrisseaux, à grandes fleurs rouges ou blanches, doublant facilement par la culture. La **Pivoine en arbre** (*Pœonia moutan*) de la Chine, à fleurs blanches, d'une odeur analogue à celle de la rose, est une des plus belles plantes dont se sont enrichis nos jardins vers la fin du siècle dernier.

A côté des renonculacées viennent se placer : 1° les **Magnoliers**, beaux arbres exotiques, remarquables par leur feuillage, la grandeur et le parfum de leurs fleurs. Le **Magnolier a grandes fleurs** (*Magnolia grandiflora*) de la Caroline, qui s'élève jusqu'à trente mètres, a de grandes fleurs d'un blanc pur et d'une odeur suave. 2° Le **Tulipier de la Virginie** (*Liriodendron tulipifera*), qui a de belles feuilles découpées en lyre, et des fleurs en forme de tulipe, nuancées de vert et de jaune pâle. 3° La **Badiane** ou **Anis étoilé** (*Illicium anisatum*), arbrisseau de Chine, toujours vert et aromatique, qui porte des fleurs nombreuses, pendantes, d'un rouge brun et d'une odeur forte.

## 2ᵉ F. Papavéracées.

Plantes généralement herbacées ; feuilles alternes, laiteuses en général ; fleurs solitaires ou en cymes ou en grappes rameuses ; calice de deux ou trois sépales très-caducs ; corolle de quatre ou six pétales, plissés avant l'épanouissement ; étamines nombreuses ; ovaire supère, uniloculaire ; ovules très-nombreux ; un style à un ou plusieurs stigmates ; fruit en capsule ovoïde ou en silique, renfermant un grand nombre de graines, et s'ouvrant par la séparation des valves ou par de simples trous au-dessous du stigmate.

Cette famille, répandue dans les climats tempérés, se compose de plantes qui contiennent des substances particulières, narcotiques et âcres, administrées avec succès comme médicaments ; plusieurs sont cultivées pour l'ornement.

**Pr. esp**. 1° Le Pavot des jardins (*Papaver somniferum*), à fleurs blanches, rouges, violettes ou panachées, dont les capsules fournissent l'*opium*, puissant narcotique à l'usage des Orientaux, utile en médecine, et dont les graines contiennent une huile douce, connue sous le nom d'*huile d'œillette*. C'est avec les capsules du Pavot blanc que l'on prépare le *sirop diacode*. 2° Le Pavot coquelicot (**P.** *rhœas*), qui a des pétales mucilagineux mis au nombre des fleurs *pectorales*. 3° Le Pavot a bractées (**P.** *bracteatum*), muni d'une grande bractée au-dessous du calice, et à pétales grands, d'un rouge éclatant, qui font un bel effet pour l'ornement. 4° La Fumeterre commune (*Fumaria officinalis*), plante stomachique et dépurative, à fleurs rougeâtres, en épis, que l'on voit dans les champs à l'époque des moissons. 5° La Chélidoine ou Grande-Éclaire (*Chelidonium majus*), à fleurs jaunes, en croix, réunies en groupes, et dont le suc est caustique et vénéneux.

## 3ᵉ F. Crucifères

Plantes herbacées ; feuilles alternes, simples ou incisées ; fleurs en épis ou en grappes ; calice de quatre sépales caducs ; corolle de quatre pétales onguiculés en croix ; six étamines, dont quatre plus grandes et deux plus courtes, portées sur un disque hypogyne ; ovaire supère, à deux loges séparées par une fausse cloison ; style très-court, terminé par un stigmate bilobé ; fruit en silique ou silicule s'ouvrant en deux valves.

Les Crucifères, nombreuses dans les parties tempérées de l'hémisphère du Nord, forment une famille très-naturelle et très-bien caractérisée : c'est une de celles dont nous tirons le plus d'aliments sains et agréables ; les graines contiennent en outre une quantité plus ou moins considérable d'huile grasse, que l'on peut obtenir par la pression.

**Pr. esp.** 1° La Giroflée (*Cheiranthus cheiri*), à fleurs odorantes, d'un jaune rouge. 2° La Julienne des jardins (*Hesperis matronalis*), dont les fleurs, semblables à celles des giroflées, exhalent une odeur suave, surtout le soir. 3° Les Alysons ou Corbeilles d'or (*Alyssum saxatile*), à fleurs d'un jaune doré très-éclatant, propres à servir de garniture aux massifs des jardins. 4° Le Chou (*Brassica oleracea*), dont les différentes variétés sont connues par leurs usages : Choux-navets (*B. napus*), Choux-fleurs (*B. botrytis*), Choux-raves (*B. rapa*), Choux-colza (*B. campestris*) ; la graine de ce dernier fournit une huile grasse propre à l'éclairage. 5° Le Radis (*Raphanus sativus*), qui a deux variétés principales : le Radis noir et la Petite rave, dont les racines sont servies sur nos tables. 6° Le Cresson alénois (*Lepidium sativum*) et le Cresson de fontaine (*Nasturtium officinale*), que l'on mange en salade et qui ont des propriétés anti-scorbutiques. 7° Le Cochléaria (*Cochlearia officinalis*), également antiscorbutique, que l'on rencontre sur le littoral du Nord et sur les rivages des lacs salés. 8° La Moutarde noire ou Senevé (*Sinapis nigra*), dont les graines, broyées et aromatisées, fournissent l'assaisonnement connu sous le même nom. 9° La Guède ou le Pastel des teinturiers (*Isatis tinctoria*), dont les feuilles fournissent une matière colorante bleue, identique à l'indigo.

A la suite des crucifères se trouvent, dans de petites familles : 1° le Caprier (*Capparis spinosa*), arbrisseau méditerranéen, dont les boutons à fleurs. confits dans le vinaigre, sont connus sous le nom de *câpres*, et s'emploient comme assaisonnement ; 2° lés Réséda, dont les espèces les plus remarquables sont le Réséda odorant (*Reseda odorata*), cultivé pour le parfum de ses fleurs, et le Réséda jaune ou la Gaude (*R. luteola*), que l'on emploie pour teindre en jaune ; 3° les Cistes (*Cistus*), dont plusieurs sont des arbustes remarquables par la beauté de leurs fleurs ; 4° la Violette odorante (*Viola odorata*), indigène, vivace, dont on cultive plusieurs variétés. La Violette tricolore ou Pensée (*V. tricolor*) produit un grand nombre de belles sous-variétés.

## 4ᵉ F. Aurantiacées.

Plantes ligneuses, glabres ; feuilles alternes, simples, articulées, munies de glandes vésiculeuses, transparentes ; calice monosépale, à trois, quatre ou cinq divisions ; corolle de t ro à cinq pétales ; étamines en nombre égal ou multiple de celu des pétales, attachées à la base des divisions du calice, à filets distincts ou réunis ; ovaire supère ; un style simple terminé par un stigmate simple ou lobé ; fruit en baie ou en capsule multiloculaire.

Sous le nom général d'Aurantiacées, on comprend ces arbres odoriférants que l'on appelle communément Orangers, et qui sont tous renfermés dans le genre *Citrus*. Cette famille habite aujourd'hui toutes les contrées chaudes du globe, et l'on fait un usage universel des végétaux qui la composent. à cause de leur principe amer, de leur vertu tonique et stimulante, et de leurs propriétés antibilieuses et antiputrides.

**Pr. esp**. 1° Le Citronnier (*Citrus medica*), type de la famille, originaire de Turquie, fort commun en Italie, et plus encore dans l'Espagne et le Portugal. Il conserve sa verdure et porte presque toujours à la fois des fruits verts, des fruits à demi-mûrs et des fruits en maturité. L'acide bienfaisant de son jus nous le rend très-utile. 2° L'Oranger (*C. aurantium*), originaire de Chine, d'où il fut apporté en Europe par les Portugais au milieu du XVe siècle. Il vit en pleine terre dans les contrées méridionales ; mais, aux latitudes moyennes, il faut l'abriter pendant l'hiver. Son fruit est très-estimé pour sa saveur douce et aigrelette et son effet rafraîchissant. Le Bigaradier (*C. amarum*) est l'espèce la plus utile. Le suc du fruit, nommé *orange amère*, sert d'assaisonnement. Sa pulpe est très-bonne en confiture, et son écorce s'emploie à faire un sirop et la liqueur nommée *curaçao*. C'est avec les fleurs que l'on distille *l'eau de fleurs d'oranger*, et l'infusion des feuilles est stomachique et antispasmodique. 3° Le Limonier (*C. limonium*), à fruit ovoïde, d'un jaune clair, à pulpe très-acide, employée à faire le *sirop de limon*. 4° Le Cédratier (*C cedra*), dont le fruit très-volumineux ne se mange que confit.

On rattache à cette famille : 1° le Thé de Chine (*Thea sinensis*), originaire de l'Asie orientale. C'est un arbrisseau toujours vert, à feuilles simples et alternes, lesquelles, roulées, desséchées et infusées dans l'eau, fournissent une boisson stomachique, dont l'usage est devenu général. Le Thé noir et le Thé vert du commerce appartiennent à la même espèce : le premier a subi une préparation particulière avant sa dessication ; le second a une action stimulante plus énergique. 2° Le Camellia ou Rose du Japon (*Camellia japonica*), autre arbrisseau toujours vert, introduit en Europe dans le siècle dernier ; il est remarquable par ses nombreuses variétés de fleurs blanches, panachées, ou d'un rouge éclatant, qui doublent facilement, et décorent aujourd'hui nos serres, et même nos salons.

## 5ᵉ F. Ampélidées ou Vignes.

Plantes ligneuses, à tiges sarmenteuses ou grimpantes avec vrilles; les feuilles, souvent munies de stipules, sont pétiolées, simples ou composées ; les inférieures opposées, les supérieures alternes ; fleurs en grappes opposées aux feuilles ; calice à quatre ou cinq dents ; corolle de quatre ou cinq pétales ; étamines en nombre égal à celui des pétales ; ovaire à deux loges, contenant chacune deux ovules ; style terminé par un stigmate légèrement bilobé ; fruit en baie globuleuse, monosperme ou polysperme.

Cette famille, peu nombreuse, a pour type la Vigne (*Vitis vinifera*). Son fruit, que l'on nomme *raisin*, est une baie blanche, ou d'un rouge plus ou moins foncé, à une loge, renfermant de une à cinq graines osseuses. La vigne est originaire d'Asie, d'où elle fut transportée en Grèce, en Italie, puis en Europe. Aucune plante ne se propage plus aisément dans les climats chauds; elle y vient presque sans culture et donne des produits abondants; mais ce n'est qu'à force de soins qu'elle porte de bons fruits dans les climats du Nord. La France est de tous les pays le plus favorable à la culture de la vigne, à cause de la nature de son sol, de la variété de ses expositions et du grand nombre de ses abris. C'est aussi la France qui produit les vins les plus estimés.

La plantation de la vigne se fait au mois de mars ou

d'avril, par marcotte ou par bouture, mais toujours dans un terrain bien préparé. Vers la fin de l'hiver on la taille, on la fixe à des échalas, afin que les raisins reçoivent plus facilement les impressions de l'air et du soleil, et qu'ils ne soient point exposés à traîner sur le sol et à se gâter par le contact de l'humidité. Il faut avoir soin de bêcher le terrain de la vigne plusieurs fois par an, pour détruire les herbes qui s'en approprieraient les sucs. Le raisin que portent les treilles est plus agréable au goût que celui des autres vignes, mais il ne donne qu'un vin très-médiocre. Les Chasselas et les Muscats sont les espèces que l'on met en treille de préférence. Le suc que l'on extrait par la pression des raisins mûrs porte le nom de *moût*, et fournit le vin lorsqu'on le laisse fermenter jusqu'à un certain point où sa saveur sucrée se fait encore reconnaître. Il donne le *vinaigre* quand cette saveur est devenue très-acide. Par la distillation du vin, on obtient une liqueur spiritueuse, que l'on nomme *eau-de-vie* quand elle est faible, et *esprit de vin*, ou *alcool*, lorsque, par des distillations successives, elle est devenue plus inflammable, plus légère et plus forte.

La Vigne-vierge (*Cissus hederacea*) est un arbrisseau sarmenteux de l'Amérique septentrionale, dont le feuillage d'un beau vert devient rouge à l'automne; on le cultive dans les jardins pour former des berceaux et couvrir les murailles.

## 6ᶜ F. Géraniées.

Plantes herbacées; feuilles simples ou composées, opposées ou alternes; fleurs ordinairement axillaires ou terminales; cinq à dix étamines; ovaire à trois ou cinq côtes et à autant de loges ; style simple; trois ou cinq stigmates ; corolle à cinq pétales ; calice de cinq sépales soudés ensemble par leur base ; fruit composé de trois à cinq capsules uniloculaires, monospermes ou polyspermes ( pl. XXV ).

Les GÉRANIÉES, presque toutes originaires du Cap, fournissent un grand nombre d'espèces auxquelles l'horticulture a ajouté un nombre plus grand encore de variétés, qui se distinguent par leurs fleurs plus grandes, plus gracieuses ou plus singulières. L'huile volatile qu'elles contiennent leur donne une odeur suave ou très-forte et quelquefois désagréable.

**Pr. esp.** 1° Le GÉRANIUM DES PRÉS (*Geranium pratense*), remarquable par ses fleurs blanches, bleues, roses ou panachées, et toujours géminées. 2° Le PÉLARGONIUM ÉCARLATE (*Pelargonium inquinans*), à fleurs d'un beau rouge, portées sur de longs pédoncules. 3° La CAPUCINE (*Tropœolum majus*), originaire du Pérou, et dont les pétales irréguliers sont d'un rouge de feu éclatant plus ou moins foncé. On sait que les fleurs de capucine, légèrement âcres, se servent sur certaines salades, et que leurs akènes peuvent se confire dans le vinaigre comme les câpres. 4° La BALSAMINE DES JARDINS (*Impatiens balsamina*), plante de l'Inde, dont les fleurs doublent facilement, et offrent des couleurs très-variées. 5° Les OXALIDES, plantes délicates, dont la plupart sont exotiques. L'OXALIDE DE DEPPE (*Oxalis deppei*) porte des ombelles de fleurs rouges qui se succèdent une grande partie de l'année. L'OXALIDE DES BOIS (*O. acetosella*, pl. XXV, fig. 1) est une jolie petite herbe de nos pays. En Suisse et en Allemagne on extrait particulièrement de ses feuilles le produit appelé *sel d'oseille*.

L'affinité des Linées pour cette famille permet de joindre aux espèces précédentes le Lin commun (*Linum usitatissimum*), cultivé en France pour les ressources qu'il fournit. Ses graines donnent une huile dont les arts tirent un grand parti, et une farine d'un fréquent usage en médecine. Personne n'ignore que les fibres tenaces de la tige du lin servent à faire des toiles fines. Le Lin vivace (*L. perenne*), aux fleurs d'un joli bleu, sert à l'ornement des jardins.

### 7° F. Malvacées.

Plantes herbacées ou ligneuses ; feuilles simples, alternes ou lobées ; fleurs axillaires, solitaires ou en épis ; calice d'une seule pièce, à trois ou cinq divisions ; corolle à cinq pétales ; étamines nombreuses ; un style sur chaque capsule, terminé par un stigmate simple ; ovaire supère ; fruit en une ou plusieurs capsules polyspermes ou monospermes.

Les Malvacées, qui se trouvent dans les deux hémisphères, sont pour la plupart herbacées en Europe, et produisent sous la zone équatoriale les plus grands arbres connus. Il n'est aucune plante nuisible dans cette famille, qui fournit plusieurs ressources économiques, et dont les propriétés mucilagineuses sont d'un usage fréquent en médecine.

**Pr. esp.** 1° La Mauve sauvage (*Malva sylvestris*), qui se rencontre dans les haies et les lieux incultes. 2° La Guimauve officinale (*Althæa officinalis*). Ces plantes, et les espèces qui s'y rattachent, sont médicinales ; on emploie leurs racines, leurs feuilles et leurs fleurs pour diverses préparations émollientes. 3° La Rose trémière (*A. rosea*), plante de Syrie, dont les variétés sont nombreuses. 4° La Ketmie des jardins (*Hibiscus syriacus*), aux feuilles trilobées et aux fleurs de diverses couleurs. La Ketmie rose de la Chine (*H. rosa sinensis*), aux grandes fleurs rouges, blanches, jaunes, est du plus agréable effet. 5° Le Sida strié (*Sida striatum*), arbrisseau du Brésil, à fleurs solitaires, pendantes, d'un jaune d'or mêlé de pourpre. 6° Le Cotonnier (*Gossypium herbaceum*), que l'on cultive dans les deux Indes et en Afrique, et dont les graines sont enveloppées d'un duvet laineux qui constitue le *coton*. On en fait deux récoltes par an. 7° Le Cacaoyer (*Theobrama cacao*), dont le fruit, gros comme un concombre, et presque de la même figure, est rempli de graines de la grosseur d'une petite fève. C'est de ces graines que l'on retire l'huile grasse et solide appelée *beurre de cacao*, et c'est avec leur substance, broyée et sucrée, que l'on fabrique le *chocolat*. 8° Le Baobab (*Adansonia digitata*) du Sénégal, remarquable par sa longévité et par les proportions colossales de ses dimensions.

## 8ᵉ F. Caryophyllées.

Plantes herbacées, à tiges cylindriques, noueuses et articulées; feuilles entières, opposées et connées à la base; fleurs terminales ou axillaires; calice tantôt monosépale, tubuleux et simplement denté à son sommet, tantôt polysépale et le plus souvent à cinq folioles; corolle de cinq pétales à longs onglets et à limbe ordinairement étalé; étamines communément au nombre de dix, dont cinq unies aux pétales, et les cinq autres libres et alternes avec eux; ovaire libre à une ou plusieurs loges, surmonté de un à cinq styles ou stigmates filiformes; fruit en capsule à une ou plusieurs loges polyspermes, s'ouvrant au sommet.

Cette famille renferme plusieurs genres intéressants

pour l'ornement, et se cultive principalement dans nos contrées.

**Pr. esp.** 1º Les ŒILLETS, dont les fleurs sont aussi agréables à l'œil que douces à l'odorat. Ils offrent de nombreuses variétés : ŒILLET DES FLEURISTES (*Dianthus caryophyllus*), ŒILLET DE POÈTE (*D. barbatus*), ŒILLET MIGNARDISE (*D. moschatus*). 2º Les LYCHNIDES, parmi lesquelles on distingue la CROIX DE JÉRUSALEM (*Lychnis chalcedonica*), dont les fleurs sont d'un rouge éclatant. 3º La SAPONAIRE (*Saponaria officinalis*), plante commune dans nos champs. 4º La MORGELINE, ou le MOURON BLANC (*Alsine media*), dont les graines servent à la nourriture des petits oiseaux en cage.

La treizième classe comprend encore plusieurs genres :

1º Les **Érables**, arbres au bois très-dur. On distingue particulièrement : l'ÉRABLE PLANE (*Acer platanoïdes*), l'ÉRABLE SYCOMORE (*A. pseudoplatanus*), belles espèces indigènes, et l'ÉRABLE A SUCRE (*A. saccharinum*), dont on retire par incision un suc doux et nourrissant, lequel, évaporé, donne un résidu qui prend le nom de *sucre d'érable*.

2º Les **Marronniers**, végétaux ligneux parmi lesquels nous distinguerons le MARRONNIER D'INDE (*Æsculus hippocastanum*), arbre élégant à feuilles opposées et palmées, à fleurs en grappes dressées et pyramidales et à capsules épineuses, qui portent de grosses graines à tégument brun et lisse.

3º Les **Millepertuis**, dont l'espèce usitée en médecine est le MILLEPERTUIS PERFORÉ (*Hypericum perforatum*), plante à feuilles criblées de points translucides qui lui ont valu son nom, et dont la fleur, d'un jaune éclatant, renferme des principes colorants.

4º Les **Tilleuls** (*Tilia parvifolia, grandiflora*), arbres connus par la beauté de leur feuillage et par l'odeur suave de leurs fleurs, dont on fait des infusions antispasmodiques. Leur bois, dont l'écorce sert à faire des cordages, se laisse facilement travailler, et donne un charbon estimé. Le SPARMANNIA D'AFRIQUE (*Sparmannia africana*), dont les caractères se rapprochent de ceux des tilleuls, est un joli arbrisseau du Cap, à

fleurs en ombelles, à pétales blancs et à étamines pourpres.

5° Les **Rues**, qui renferment des principes amers et résineux. La **Rue fétide** (*Ruta graveolens*), à fleurs jaunes, est l'espèce la plus connue. A côté des rues on place : 1° le **Gayac officinal** (*Gayacum officinale*), arbre des Antilles, dont on emploie le bois, très-dur et aromatique, à fabriquer des roulettes, des roues de poulies, etc. La résine et la racine sont stimulantes et sudorifiques. 2° La **Fraxinelle** (*Dictamnus fraxinella*), dont les fleurs et les rameaux sont chargés d'une huile volatile tellement abondante, que si, à la fin d'un beau jour d'été, on approche une lumière de la fleur, l'atmosphère environnante s'enflamme sans endommager la plante. 3° La **Fabagelle** (*zygophyllum Fabago*), plante d'Orient, à fleurs rouge orangé, et blanches à la base.

6° Les **Vinettiers**, à jolies fleurs en grappes qui font l'ornement de nos bosquets. On remarque dans ce groupe : 1° le **Vinettier commun ou Épine-vinette** (*Berberis vulgaris*) dont le fruit aigrelet est recherché pour les confitures ; 2° l'**Épimède des Alpes** (*Epimedum alpinum*), à tige grêle, aux feuilles en cœur, aux fleurs petites à calice brun rouge et à pétales jaunes ; 3° la **Mahonie a feuilles de houx** (*Mahonia aquifolia*), arbrisseau élégant au feuillage persistant d'un effet très-pittoresque.

## QUATORZIÈME CLASSE.

### PÉRIPÉTALIE.

*Dicotylédonés, Polypétales, Étamines périgynes.*

Parmi les familles que contient cette classe, on distingue : 1° les **Joubarbes**, 2° les **Saxifragées**, 3° les **Grossulariées**, 4° les **Cactées**, 5° les **Onagres**, 6° les **Myrtées**, 7° les **Rosacées**, 8° les **Légumineuses**, 9° les **Térébinthacées**, 10° les **Rhamnoïdes**.

### 1<sup>re</sup> F. Joubarbes.

Plantes herbacées ou ligneuses ; feuilles alternes et charnues ainsi que les tiges ; fleurs souvent très-éclatantes ; calice à plusieurs divisions profondes ; corolle d'autant de pétales attachés à la partie inférieure du calice ; étamines en nombre égal ou double de celui des pétales ; plusieurs ovaires ; autant de styles et de stigmates , autant de capsules à une loge polysperme, bivalve ; graines attachées sur les bords des valves.

Toutes les plantes qui composent cette famille sont grasses, épaisses et charnues, et vivent dans les terrains les plus arides ; quelques espèces sont comestibles ; d'autres tiennent un certain rang parmi les médicaments rafraîchissants.

**Pr. esp.** 1° La Joubarbe des toits (*Sempervivum tectorum*), qui produit de l'effet sur les chaumières et sur les rocailles des jardins paysagers, par ses rosettes de feuilles et ses épis de jolies fleurs rougeâtres. 2° La Joubarbe en arbre (*Sempervivum arboreum*), à tige épaisse, glabre, nue jusqu'au sommet, dont les rameaux sont terminés par une grosse rosette de feuilles oblongues, et dont les fleurs sont d'un beau jaune. 3° La Crassule écarlate (*Crassula coccinea*), à feuilles ovales, ciliées et pressées, à fleurs grandes, tubulées, en ombelles, et d'un écarlate brillant. 4° L'Orpin (*Sedum telephium*), employé pour cautériser les plaies. 5° Le Cotylet orbiculaire (*Cotyledon orbiculata*), à feuilles bordées de pourpre et à fleurs en panicule.

Auprès des joubarbes se place le genre Ficoïde, qui contient un certain nombre de plantes grasses, cultivées pour la beauté de leurs fleurs. Il en existe plusieurs espèces : Ficoïde annuelle (*Mesembrianthemum tricolor*), Ficoïde cristalline (*M. crystallinum*), Ficoïde violette (*M. violaceum*), etc.

## 2ᵉ F. Saxifragées.

Plantes herbacées ou ligneuses ; feuilles alternes ou opposées ; calice monosépale de trois ou cinq divisions ; la corolle, qui manque quelquefois, est formée de quatre ou cinq pétales attachés au sommet du calice ; étamines ordinairement en nombre double de celui des pétales et quelquefois indéfinies ; ovaire à deux, trois, quatre ou cinq loges, autant de styles que de loges, et terminés chacun par un stigmate ; fruit en capsule bivalve à une ou deux loges polyspermes, quelquefois charnu.

Les Saxifragées, européennes pour la plupart, habitent les montagnes de l'hémisphère du Nord. Plusieurs sont vivaces et ont de petites fleurs charmantes, recherchées pour l'ornement.

**Pr. esp.** 1° La Saxifrage a feuilles épaisses (*Saxifraga crassifolia*), à fleurs d'un beau rose. 2° L'Hydrangée en arbre (*Hydrangea arborescens*), arbrisseau à tige moelleuse, à feuilles grandes, cordiformes, vertes des deux côtés et à fleurs blanches, en ombelles. 3° L'Hortensia a feuilles d'obier (*Hortensia opulifolia*), arbuste sous-ligneux, à feuilles grandes, ovales, à fleurs ayant la forme et la disposition de celles de la boule de neige, mais beaucoup plus grosses, d'un rouge purpurin, ensuite violâtre, enfin d'un blanc sale, et quelquefois d'un rouge vif. En cultivant l'hortensia dans une terre ferrugineuse, ses fleurs deviennent bleues. 4° La Deutzie (*Deutzia scabra*), arbrisseau du Japon, aux fleurs blanches, disposées en grappes.

## 3ᵉ F. Grossulariées.

Arbrisseaux à feuilles alternes sans stipules ; fleurs axillaires ; calice monosépale adhérent avec l'ovaire, à cinq divisions étalées ; corolle de cinq pétales, quelquefois très-petits ; cinq étamines insérées vers le milieu du calice ; ovaire infère, uniloculaire ; ovules nombreux ; deux styles soudés entre eux et terminés chacun par un stigmate simple ; fruit en baie globuleuse, polysperme.

Cette petite famille ne contient que le genre GRO-
SEILLIER, et se multiplie surtout dans les parties tempérées et fraîches de notre hémisphère. Ses différentes
espèces sont des arbrisseaux quelquefois armés d'épines, d'autres fois dépourvus d'aiguillons. Dans la plupart, les baies sont comestibles et remplies d'un mucilage
sucré joint à des acides.

**Pr. esp.** 1° Le GROSEILLIER BLANC (*Ribes album*) et le
GROSEILLIER ROUGE (*Ribes rubrum*), non épineux, à fleurs
en grappes et à baies blanches ou rouges, qui s'emploient
pour dessert et pour la préparation d'un *sirop*, et de confitures en *grappes* ou en *gelée*. 2° Le GROSEILLIER NOIR ou
CASSIS (*R. nigrum*), dont on fait une liqueur de ménage.
3° Le GROSEILLIER A MAQUEREAU (*R. uva crispa*), très-épi-
neux, et qui varie beaucoup pour la couleur et le volume
du fruit. 4° Le GROSEILLIER DORÉ (*R. aureum*), arbrisseau
à rameaux effilés, droits, à feuilles ovales et à fleurs pas-
sant du verdâtre au rouge. 5° Le GROSEILLIER A FLEURS
ROUGES (*R. sanguineum*), d'un rose vif, s'épanouissant
au commencement du printemps.

## 4° F. Cactées.

Plantes vivaces ; tiges cylindriques, rameuses ; feuilles remplacées par des pièces articulées ; calice adhérent à l'ovaire,
terminé par un grand nombre de lobes qui se confondent avec
les pétales ; ceux-ci, très-nombreux, sont disposés sur plusieurs rangs ; étamines indéfinies ; un style ; trois stigmates ;
fruit en baie uniloculaire, polysperme.

Cette famille est entièrement composée par le groupe
des CACTUS, plantes grasses, originaires de l'Amérique
tropicale, et remarquables par la beauté de leurs fleurs,
la singularité de leurs tiges, tantôt globuleuses, cylin-

driques ou anguleuses, tantôt formées d'articulations superposées. Leurs feuilles sont souvent nulles et indiquées
par de petits faisceaux d'aiguillons, et quelquefois parfaites, planes et pétiolées. Dans nos serres, les Cactées
n'ont pas la physionomie qui les caractérise dans leur
patrie, et sous les climats où elles vivent en colonie sur
les rochers et dans les lieux arides. Là, elles rivalisent
en hauteur avec les arbres les plus élevés et les végétaux
les plus robustes, et présentent dans leur configuration
les formes les plus extraordinaires.

**Pr. esp.** 1° Le Mélocacte (*Melocactus communis*),
qui a la tige presque globuleuse, sillonnée de haut en
bas de cannelures plus ou moins nombreuses; le tout
surmonté d'une espèce de spadice laineux formé de petites protubérances très-serrées, à côté desquelles naissent de petites fleurs tubuleuses et ordinairement rouges.
2° L'Echinocacte globuleux (*Echinocactus eyriesii*),
dont la tige est aussi presque globuleuse, sillonnée du
haut en bas de cannelures variables en nombre et en
profondeur. Les fleurs viennent sur les saillies des côtes,
au milieu de touffes cotonneuses et d'épines placées de
distance en distance. 3° Les Mamillaires (*Mamillaria
stellatus, gracilis*). On y rapporte des cierges de forme
arrondie ou oblongue, couverts de protubérances coniques, rangées en lignes spirales, terminées cha une par
une touffe de soie et d'épines diversement étalées. Le
fruit est d'un rouge vif et de la forme d'une petite olive.
4° Les Cierges (*Cereus serpentinus, flagelliformis,
grandiflorus, peruvianus*), à tige droite, continue et an-
guleuse et à fleurs tubuleuses. 5° Les Epiphylles
(*Epiphyllum ackermanni, speciosum*), à tiges fortement

comprimées, dont les articulations sont tronquées et parcourues par une nervure médiocre. 6° La Raquette (*Opuntia ficus indica*), composée de plaques articulées et dont la corolle est rosacée. C'est particulièrement sur la raquette appelée Cactier a cochenille (*C. cochillinifera*) que vit l'insecte qui fournit la belle couleur écarlate dont on se sert dans les arts, principalement pour la fabrication du *carmin* et de la *laque carminée*.

## 5ᵉ F. Onagres.

Plantes herbacées ; feuilles simples ; fleurs terminales ou axillaires ; calice monosépale à quatre ou cinq lobes ; corolle de quatre ou cinq pétales attachés au sommet du calice ; étamines en même nombre ou double de celui des pétales ; ovaire infère à quatre ou cinq loges ; style simple ; stigmate simple ou lobé ; fruit en baie ou capsule à quatre ou cinq loges polyspermes.

Les plantes de cette famille, originaire du nouveau continent, se font remarquer par leur élégance et l'odeur suave de leurs fleurs dans quelques espèces.

**Pr. esp.** 1° L'Onagre odorante (*OEnothera suaveolens*), à grandes fleurs jaunes, très-odorantes, se succédant tout l'été. 2° La Fuchsie écarlate (*Fuchsia coccinea*), joli arbrisseau du Chili, très-répandu dans les jardins, et remarquable par la beauté de son feuillage et surtout de ses fleurs pendantes, à calice écarlate et à corolle violette enroulée. Il existe plusieurs autres espèces de fuchsies, d'un aspect et d'un port également gracieux.

## 6ᵉ F. Myrtées.

Plantes ligneuses ; feuilles opposées, entières ; fleurs terminales ou axillaires ; calice monosépale ; corolle d'autant de pétales qu'il y a de divisions au calice; étamines nombreuses; ovaire infère: deux à six loges polyspermes; style simple; stigmate lobé; fruit sec et déhiscent, ou charnu et indéhiscent.

Les **Myrtées** sont des arbres ou arbrisseaux exotiques, dont quelques-uns ont des propriétés aromatiques, stimulantes, toniques ou astringentes; d'autres portent des baies comestibles et rafraîchissantes.

**Pr. esp.** 1° Le Myrte (*Myrtus communis*), arbrisseau élégant d'Asie et d'Afrique, que l'on cultive à cause de la beauté et du parfum de ses fleurs. 2° Le Grenadier (*Punica granatum*), arbre d'Afrique, aux fleurs d'un beau rouge et aux fruits rafraîchissants. 3° Le Giroflier (*Caryophyllus aromaticus*), arbre des Moluques. Il s'élève à la hauteur du laurier. Ses boutons, cueillis avant leur épanouissement, sont vendus comme aromates sous le nom de *clous de girofle.* 4° Le Metrosideros (*Metrosideros vera*) des Moluques, aux fleurs d'un rouge foncé, rangées autour du pédoncule en forme de goupillon, et dont les étamines sont longues et saillantes.

On range dans cette famille le Syringa ou Seringat odorant (*Philadelphus coronarius*), arbrisseau indigène du midi de l'Europe, formant des buissons. Ses fleurs blanches ont une odeur agréable, mais forte.

## 7ᵉ F. Rosacées.

Plantes herbacées ou ligneuses; feuilles alternes, simples ou composées, munies de deux stipules à leur base; calice monosépale à quatre ou cinq divisions; corolle régulière de quatre ou cinq pétales étalés, attachés sur le calice, manquant rarement; étamines nombreuses, attachées sur le calice, au-dessous des pétales; un ou plusieurs styles à stigmate simple; fruits très-variés: pommes, akènes, capsules ou drupes, suivant l'espèce.

14

Cette famille est en partie indigène, et s'étend principalement dans les parties tempérées et fraîches de l'hémisphère boréal. C'est une de celles dont les genres intéressent particulièrement, tant pour les fruits qu'ils donnent que pour l'éclat des fleurs que portent les arbres, les arbrisseaux et les herbes qui appartiennent à ce groupe. Les ROSACÉES renferment un si grand nombre de plantes que l'on a été forcé de les diviser en six tribus ou sections, distinguées l'une de l'autre par quelques caractères particuliers : 1° les **Rosées** ou **Rosiers**, 2° les **Pomacées**, 3° les **Fragariées**, 4° les **Amygdalées**, 5° les **Sanguisorbées**, 6° les **Spirées.**

1re *Tribu.* **Rosiers.** Ils se distinguent par leur calice urcéolé et leur corolle à cinq pétales cordiformes, offrant des colorations très-variées et doublant facilement par la culture.

**Pr. esp.** 1° Les ÉGLANTIERS ou les ROSIERS DES HAIES (*Rosa canina, rubiginosa, eglanteria*). 2° Le ROSIER ROUGE (*R. gallica*), apporté de Syrie à l'époque des croisades, et cultivé à Provins et à Fontenay-aux-Roses. 3° Le ROSIER A CENT FEUILLES (*R. centifolia*) du Caucase, qui donne la plus belle des roses. 4° Le ROSIER MOUSSEUX (*R. muscosa*), dont plusieurs parties sont recouvertes de glandes mousseuses. 5° Le ROSIER DES QUATRE SAISONS (*R. damascena*). 6° Le ROSIER DU BENGALE (*R. semperflorens*). 7° Le ROSIER BLANC (*R. alba*), que l'on rencontre partout, et quantité d'autres variétés agréables.

2e *Tribu.* **Pomacées.** Arbres ou arbrisseaux à feuilles simples ou composées, fournissant un grand nombre de fruits à pepins, et dont la fleur a de l'analogie avec celle de la rose.

**Pr. esp.** 1° Le POMMIER (*Malus communis*), dont la

fleur se compose de cinq styles et d'étamines rapprochées en gerbes. Le fruit globuleux a cinq loges cartilagineuses, contenant chacune deux pepins. Le pommier est très-touffu et jette beaucoup de branches; ses racines sont à fleur de terre, et son bois est extrêmement noueux. Plusieurs de ses variétés, qui remplacent la vigne dans la plus grande partie de la Normandie, de la Bretagne et de la Picardie, portent un fruit qui donne les meilleures *gelées* et le meilleur *cidre*. Le cidre produit, par la distillation, une *eau-de-vie* moins estimée que celle qui se retire du vin. Le POMMIER D'APIS (*Malus apiosa*), arbre de moyenne grandeur, très-productif, a des rameaux redressés et longs, une pomme petite, jaune pâle et d'un rouge vif du côté du soleil. 2° Le POIRIER (*Pyrus malus*), qui a des fleurs à étamines non rapprochées en faisceaux; le fruit, en forme de toupie, présente la même organisation que celle du pommier; la tige est plus belle, plus haute, plus verte et plus lisse. 3° Le COIGNASSIER (*Cydonia communis*), arbre peu élevé, dont le fruit, charnu, pyriforme, jaune et cotonneux, à odeur forte et d'une saveur désagréable, fournit une liqueur de ménage, la conserve appelée *cotignac* et d'excellente *gelée*. 4° Le NÉFLIER (*Mespilus germanica*), qui a beaucoup de rapports avec le CORMIER. Il a des feuilles lanugineuses, des fleurs blanches, et un fruit globuleux, charnu et couronné. On cueille la *nèfle* encore verte, et elle achève de mûrir en se ramollissant. 5° L'ALIZIER (*Cratægus terminalis*), assez commun dans nos forêts. 6° L'AZÉROLIER (*C. azarolus*), qui porte des pommettes de couleur rouge ou jaunâtre, que l'on mange dans nos provinces méridionales. 7° Le BUISSON ARDENT (*C. pyra-*

*cantha*), ainsi nommé à cause de la couleur écarlate de ses fruits. 8° L'AUBÉPINE (*C. oxyacantha*), arbrisseau épineux qui forme des haies et sert à orner les bosquets. 9° Le CORMIER OU SORBIER DOMESTIQUE (*Sorbus domestica*), très-long à croître. Sa racine est grosse et profonde, sa tige droite et élevée, son bois rougeâtre, extrêmement dur et ne gelant jamais. Ses fruits, appelés *cormes* ou *sorbes*, sont de petites poires très-âpres, qui se ramollissent à la manière des nèfles. Dans les campagnes, on en retire une boisson fermentée. 10° Le SORBIER DES OISEAUX (*S. aucuparia*), que l'on cultive dans les jardins à cause de l'effet qu'il produit par ses fleurs blanches, nombreuses, odorantes, et surtout par ses bouquets de fruits éclatants. C'est du goût que les oiseaux ont pour ces fruits que l'arbre a tiré son nom.

**3e *Tribu*. Fragariées.** Calice étalé, carpelles en grand nombre, groupés sur un réceptacle commun. Les fruits sont de petits akènes ou de petites drupes réunies en tête.

**Pr. esp.** 1° Le FRAISIER (*Fragaria vesca*), qui croît dans les bois, et dont les graines sont réunies sur un petit corps pulpeux qui forme la partie comestible du fruit. On cultive cette espèce, ainsi que le FRAISIER DE TOUS LES MOIS (*F. semperflorens*), le FRAISIER ANANAS (*F. ananassa*), etc. 2° La RONCE (*Rubus fruticosus*), dont le fruit, agréable et utile, est composé de petites drupes serrées intimement les unes contre les autres, et réunies sur un réceptacle conique. 3° Le FRAMBOISIER (*R. idœus*), estimé surtout pour son fruit sucré et aromatique. 4° La BENOITE ÉCARLATE (*Geum coccineum*), plante médicinale, à fleurs dressées, éclatantes, à pistils nombreux, insérés sur un réceptacle arrondi et globuleux. 5° La POTEN-

TILLE POURPRÉE (*Potentilla atrosanguinea*), à corolles d'un pourpre noirâtre.

**4° *Tribu*. Amygdalées** ou **Drupacées.** Arbres ou arbustes à feuilles simples, à fleurs blanches ou rosées, et caractérisées par leur fruit, qui est une drupe charnue, contenant un seul noyau à deux graines ou à une seule.

La plupart de ces plantes contiennent dans leurs diverses parties une quantité plus ou moins considérable d'acide prussique, l'un des plus violents poisons qui existent dans les végétaux.

**Pr. esp**. 1° L'AMANDIER (*Amygdalus communis*), qui présente deux variétés importantes à distinguer : la première a des graines douces, et elles sont amères dans la seconde. Les fruits de l'amandier sont ovales, un peu aplatis, sillonnés, verts et veloutés; ils enveloppent un noyau percé de plusieurs trous. C'est des côtes de la Barbarie et du midi de la France que l'on tire les *amandes douces*, servies sur nos tables sous diverses formes, et avec lesquelles on prépare les *loochs* et le *sirop d'orgeat*. Elles donnent aussi une huile grasse très-adoucissante. 2° Le PÊCHER (*A. persica*), qui est originaire de Perse. Il a le port de l'amandier, et n'en diffère que par son fruit, dont la saveur est exquise et rafraîchissante. 3° L'ABRICOTIER (*Prunus armeniaca*), qui nous vient d'Arménie. Ses amandes ont une amertume assez prononcée; on les emploie, ainsi que celles des pêches, pour préparer la liqueur que l'on nomme *eau de noyau*. 4° Le PRUNIER (*P. domestica*), originaire d'Orient, et dont les drupes sont tantôt brunes, tantôt verdâtres, rougeâtres, jaunâtres. Parmi nos pruniers, ceux qui donnent les meilleurs fruits sont le PRUNIER DE MIRABELLE (*P. cereola*) et le

PRUNIER DE REINE CLAUDE (*P. claudiana*). Les prunes bien mûres sont un des fruits les plus agréables de nos climats. Séchées alternativement au feu et au soleil, elles forment les *pruneaux*, qui sont à la fois un aliment et un médicament. On voit suinter du tronc et des branches des vieux pruniers une matière visqueuse, qui durcit en se desséchant et fournit une véritable gomme. 5° Le CERISIER (*Cerasus communis*), originaire du royaume de Pont. Il fut apporté à Rome, comme on le sait, par Lucullus, après ses victoires sur Mithridate; de là il s'est propagé dans le reste de l'Europe. Le MERISIER (*C. avium*), commun dans nos bois, en est une espèce, à laquelle se rapportent les variétés connues sous le nom de BIGARREAUTIER (*C. duracina*) et de GUIGNIER (*C. juliana*). C'est avec les merises que l'on prépare dans les Vosges et dans la Forêt-Noire *l'eau de cerise*, ou le *Kirsch-wasser*, qui doit sa saveur amère à l'acide prussique que renferme ce fruit.

**5ᵉ *Tribu*. Sanguisorbées.** Calice urcéolé, contenant un ou deux ovaires, surmontés d'un style; fruit à deux akènes enveloppés par le calice; corolle de quatre ou cinq pétales, quelquefois nulle.

**Pr. esp.** 1° LA SANGUISORBE (*Sanguisorba officinalis*), plante médicinale, à fleurs rougeâtres, en épis. 2° La PIMPRENELLE (*Poterium sanguisorba*), à fleurs rougeâtres, réunies en têtes; l'amertume légèrement âcre de la pimprenelle la fait rechercher en salade. 3° L'AIGREMOINE (*Agrimonia eupatoria*), plante médicinale, à fleurs jaunes, disposées en épis.

**6ᵉ *Tribu*. Spirées.** Etamines nombreuses; corolle de cinq pétales; plusieurs ovaires libres, surmontés chacun d'un style; autant de capsules à une ou plusieurs graines.

**Pr. esp**. 1° La Spirée ulmaire (*Spiræa ulmaria*), vulgairement Reine des prés, herbe médicinale, vivace, à feuillage vert et à jolies fleurs odorantes, en panicules blanches. 2° La Spirée a feuilles de sorbier (*Spiræa sorbifolia*), arbrisseau rameux, à feuilles ailées, à fleurs blanches ou rosées, disposées en panicules longues et touffues. 3° La Spirée du japon ou Corchorus (*Spiræa japonica*), à tiges flexibles, rameuses, portant du printemps à l'automne des fleurs jaunes, doubles comme des roses pompons.

## 8ᵉ F. Légumineuses.

Plantes herbacées ou ligneuses; feuilles alternes, simples ou composées; deux stipules à leur base; fleurs ordinairement mixtes, calice monosépale; corolle polypétale, composée de cinq pétales inégaux : d'un supérieur, élargi, appelé Pavillon ou Etendard; de deux pétales latéraux, qu'on nomme Ailes; de deux inférieurs, souvent réunis, imitant un bateau, et auxquels on donne le nom de Carène; cette forme de corolle est dite papilionacée. La corolle manque quelquefois dans les légumineuses; dix étamines ou plus, distinctes ou réunies en deux faisceaux; ovaire uniloculaire à un ou plusieurs ovules; un style; un stigmate simple; fruit en gousse ou légume (pl. XXVI).

Les Légumineuses, plantes cosmopolites, forment une famille très-nombreuse et très-naturelle, où sont réunis des herbes, des arbustes ou arbrisseaux, et des arbres d'une grande hauteur. De tout le règne végétal, c'est le groupe qui fournit le plus de substances utiles à la médecine, à l'économie domestique, aux arts et à l'agriculture. On divise cette famille en trois tribus : 1° les **Papilionacées**, 2° les **Cassiées**, 3° les **Mimosées**.

1ʳᵉ *Tribu*. **Papilionacées**. Calice monosépale; corolle irrégulière et papilionacée.

**Pr. esp**. 1º Le Pois (*Pisum sativum*), qui grimpe facilement au moyen de ses vrilles, et dont le légume allongé contient plusieurs semences rondes alimentaires. Le Pois de senteur, ou Gesse odorante (*Lathyrus odoratus*, pl. XXVI, fig. 1), dont la fleur a une odeur si douce, en est une espèce. 2º Le Haricot (*Phaseolus vulgaris*), dont les fleurs sont d'un blanc sale, et dont les légumes renferment des semences blanches, rouges ou noires ; on les mange ainsi que les premières gousses, qui s'appellent *haricots verts*. Le Haricot d'Espagne (*P. coccineus*), à belles fleurs d'un rouge écarlate, est cultivé pour l'ornement. 3º La Fève (*Faba vulgaris*), dont la tige est droite et sans vrilles, les fleurs blanches et les ailes tachetées de noir. 4º La Lentille (*Ervum lens*), dont la fleur est blanche, et dont le légume court renferme des semences grisâtres, aplaties et orbiculaires. 5º Le Sainfoin d'Espagne (*Hedysarum coronarium*), à fleurs rouges et odorantes, disposées en épis. 6º La Vesce (*Vicia sativa*), plante rampante ou grimpante, qui produit des semences rondes, noires ou blanches, dont on nourrit les pigeons. 7º Le Trèfle (*Trifolium pratense*), qui a ses feuilles ternées, et ses fleurs un peu ramassées. 8º La Luzerne (*Medicago sativa*), employée comme le trèfle pour prairies artificielles. 9º Le Mélilot bleu (*Melilotus cœrulea*), plante à odeur particulière, à saveur légèrement âcre, et regardée comme vulnéraire. 10º Le Galega officinal (*Galega officinalis*), herbe à fleurs bleues ou blanches, rangée autrefois parmi les médicaments. 11º La Réglisse (*Glycyrrhyza glabra*), dont la racine est douce, sucrée et adoucissante. 12º L'Indigotier (*Indigofera tinctoria*), dont les feuilles servent à l'extraction de la matière colorante bleue connue sous le nom d'*indigo*. 13° Le GENÊT DES TEINTURIERS (*Genista tinctoria*), qui donne une couleur jaune assez vive. Le GENÊT D'ESPAGNE (*Genista juncea*) se cultive comme ornement, à cause de ses grandes fleurs jaunes odorantes. 14° Le BAGUENAUDIER (*Colutea arborescens*), dont les gousses, d'un vert-rougeâtre, et vésiculeuses, sont remplies d'air, qui se dégage avec bruit quand on les presse entre les doigts. 15° Le ROBINIA ou FAUX ACACIA (*Robinia pseudo-acacia*), auquel on donne assez communément le nom d'ACACIA, à fleurs ordinairement blanches, disposées en grappes pendantes, et à feuilles pennées. 16° Le CYTISE DES ALPES, ou FAUX ÉBÉNIER (*Cytisus laburnum*), à fleurs jaunes, en grappes pendantes. Le CYTISE A FEUILLES SESSILES (*C. sessilifolius*) est encore une espèce cultivée dans nos jardins. 17° L'ERYTHRINE CRÈTE DE COQ (*Erythrina crista galli*), aux belles fleurs rouges à grandes ailes. 18° La GLYCINE DE CHINE (*Glycine sinensis*), aux feuilles pennées et aux belles grappes de fleurs bleues, pendantes et odorantes.

**2º *Tribu.* Cassiées.** Genres à corolle régulière, tous exotiques.

**Pr. esp.** 1° Le CASSIER (*Cassia fistula*), arbre qui porte des gousses purgatives qu'on appelle *casses*. C'est une espèce de cassier qui donne le *séné*, doué de la même propriété ; ces plantes croissent dans le Levant. 2° Le CAROUBIER (*Ceratonia siliqua*), aux petites fleurs purpurines et aux longs fruits remplis d'une pulpe rougeâtre. 3° L'ARBRE DE JUDÉE ou le GAINIER (*Cercis siliquastrum*), dont le bois rougeâtre porte une jolie fleur rose naissant immédiatement sur les tiges, avant le développement des feuilles, qui ressemblent à celles de l'abricotier. 4° Le Bois de Campêche (*Hæmatoxylum campechianum*) et 5° le Bois du Brésil (*Cæsalpinia echinata*), qui sont rouges ou d'un brun noirâtre, et que l'on emploie dans la teinture. 6° Le Tamarinier de l'Inde (*Tamarindus indica*), bel arbre à fleurs rouges odorantes. La pulpe des fruits sert à faire des boissons rafraîchissantes.

**3e *Tribu*. Mimosées.** Genres sans corolle et à calice double.

**Pr. esp.** 1° La Sensitive (*Mimosa sensitiva*), distinguée par les mouvements singuliers et très-marqués qu'exécutent ses folioles lorsqu'on les touche légèrement. Ses tiges sont presque toujours courbées vers la terre, ses feuilles un peu allongées, étroites et fort lisses, et ses fleurs d'une jolie couleur rouge ou violetée. 2° L'Acacia vrai (*Acacia mimosa*) d'Égypte et du Sénégal, à feuilles doublement pennées, épineuses à la base, et à fleurs jaunes, disposées en bouquets globuleux. La *gomme arabique*, substance adoucissante et nutritive, est un produit de cet acacia et de plusieurs espèces voisines. L'Acacia du Cachou (*A. catechu*), arbre de l'Inde, donne un suc épaissi et soluble dans l'eau, connu sous le nom de *cachou*.

## 9e F. Térébinthacées.

Plantes ligneuses, laiteuses ou résineuses pour la plupart; feuilles alternes; calice de trois à cinq sépales; corolle polypétale, insérée à la partie inférieure du calice, et manquant quelquefois; étamines en nombre égal ou double de celui des pétales; ovaire supère; un ou plusieurs styles, autant de stigmates ; fruit en baie, en drupe ou en capsule à une ou plusieurs loges.

Cette famille est remarquable par le grand nombre de substances résineuses et balsamiques que fournissent les arbres qu'on y rapporte, et qui sont tous exotiques, excepté le noyer.

**Pr. esp.** 1º Le PISTACHIER VRAI (*Pistacia vera*), qui donne les amandes vertes connues sous le nom de *pistaches*, employées en émulsion par les pharmaciens et par les confiseurs. Une autre espèce, le PISTACHIER TÉRÉBINTHE (**P. *terebinthus***), produit une résine appelée *térébenthine*. 2º Le POIVRIER D'AMÉRIQUE (*Schinus molle*) du Pérou, plante singulière, à rameaux effilés, pendants, à odeur de poivre, et à fleurs blanches, en grappes. 3º L'ACAJOU, dont on connaît deux espèces : celle qui appartient à cette famille est l'ANACARDE (*Anacardium occidentale*) des Antilles et de l'Amérique tropicale. Ce végétal porte une noix petite et réniforme nommée *noix d'acajou*, dont le péricarpe contient une huile très-caustique et dont la graine a la saveur de l'amande. Ce fruit est attaché au sommet d'un pédoncule charnu appelé *pomme d'acajou*, dont la substance spongieuse est remplie d'un jus acide que les Américains trouvent agréable et qu'ils mêlent avec le punch. L'ACAJOU MOHOGON (*Swietenia mahogoni*), qui donne le véritable *bois d'acajou*, employé pour la fabrication des meubles, fait partie des Méliacées, petite famille de la 13ᵉ classe. 4º Le BALSAMIER DE LA MECQUE (*Amyris opobalsamum*), dont on retire du *baume*, de la *myrrhe* et de l'*encens*. 5º Le SUMAC DES CORROYEURS (*Rhus coriaria*), arbrisseau à feuilles ovales, aiguës, à fleurs en panicules verdâtres et de peu d'effet ; il sert à tanner les cuirs. 6° Le Noyer (*Juglans regia*), originaire de Perse, dont le tronc, large et massif, est couvert d'une peau cendrée et épaisse ; les branches sont étendues, les feuilles oblongues, d'une odeur forte, mais agréable. Il a pour fruit une drupe sèche que l'on désigne sous le nom de *noix*. On mange ce fruit, et l'on en obtient une huile de qualité inférieure à celle de l'olive.

## 10° F. Rhamnoïdes.

Plantes ligneuses ; feuilles simples et alternes stipulées ; fleurs mixtes ou unifères ; calice monosépale, découpé au sommet en quatre ou cinq parties ; corolle de quatre ou cinq pétales onguiculés, attachés sur un disque au sommet ou à la base du calice ; autant d'étamines que de pétales ; ovaire à deux, trois ou quatre loges uniovulaires ; un style par loge ; fruit en baie, ou capsule à trois coques.

Les Rhamnoïdes sont répandues dans toutes les parties chaudes et tempérées du globe. Quelques espèces intéressent l'horticulture en ce qu'elles forment d'excellentes haies. Plusieurs possèdent des propriétés purgatives, et contiennent des principes colorants.

**Pr. esp.** 1° Le Nerprun (*Rhamnus catharticus*), plante médicinale, dont les baies mûres sont noires, et dont les fleurs naissent en grappes le long des branches. 2° Le Jujubier (*Zizyphus sativa*), dont les jujubes, drupes rougeâtres, de la grosseur d'une olive, se mangent quand elles sont fraîches, et entrent dans la composition de la pâte pectorale de *jujube*. 3° Le Houx (*Ilex aquifolium*), arbre toujours vert, à feuilles ovales et épineuses, à petites fleurs blanches, et à petites baies d'un rouge éclatant ; l'écorce de cette plante sert à préparer la *glu*. 4° Le Fusain (*Evonymus europœus*), dont les capsules quadrangulaires sont d'un rose intense, et dont le bois fournit un excellent charbon pour le dessin et pour la fabrication de la poudre à canon. 5° Le Céanothe d'Amérique (*Ceanothus americanus*), aux fleurs blanches, très-petites, en grappes. 6° L'Aucuba du Japon (*Aucuba japonica*), arbuste rameux, au feuillage d'un vert luisant, marbré de jaune, et aux petites fleurs brunes. 7° Le Faux Pistachier ou Staphylier penné (*Staphylea pinnata*), arbuste indigène, à fleurs en grappes blanches, et dont les graines huileuses sont laxatives.

Dans la quatorzième classe, il se trouve encore quelques petites familles, dont les plus importantes sont :

1° Les **Portulacées**, où l'on remarque : 1° le Pourpier (*Portulaca oleracea*), aliment rafraîchissant que l'on mange cuit ou en salade; 2° le Tamarix de Narbonne (*Tamarix gallica*), grand et joli arbuste qui aime les terrains frais, le bord des eaux, qu'il orne par ses branches souples, souvent pendantes, et ses feuilles imitant celles du cyprès. Ses fleurs sont petites, blanches, teintes de pourpre et disposées en épis grêles.

2° Les **Polygalées**, qui se composent d'herbes ou d'arbrisseaux toujours verts, parmi lesquels on remarque : 1° le Polygala a feuilles de buis (*Polygala chamæbuxus*), à fleurs jaunâtres, avec des taches jaunes plus foncées, à deux pétales relevés, imitant un papillon, comme dans toutes les espèces qui sont fort jolies; 2° le Polygala a feuilles de myrte (*P. myrtifolia*), à fleurs grandes, d'un beau violet; 3° le Polygala a belles fleurs (*P. speciosa*), dont les fleurs, d'un beau violet pourpre, sont les plus grandes du genre.

3° Les **Pittosporées** (*Pittosporum undulatum, revolutum*), plantes ligneuses, à rameaux verts souvent verticillés, à feuilles persistantes et aromatiques quand on les froisse. Les fleurs blanches ont l'odeur du jasmin. On en connaît plusieurs variétés.

# QUINZIÈME CLASSE.

### DICLINIE.

*Étamines dans une fleur et pistils dans une autre.*
*Dicotylédonés, Polypétales ou Apétales,*
*Étamines épigynes.*

Les cinq principales familles que renferme cette classe sont : 1° les **Euphorbiacées**, 2° les **Cucurbitacées**, 3° les **Urticées**, 4° les **Amentacées**, 5° les **Conifères**.

## 1<sup>re</sup> F. Euphorbiacées.

Plantes herbacées ou ligneuses ; fleurs unisexuelles, monoïques ou dioïques, et quelquefois bisexuelles ; calice monosépale, ayant de trois à six divisions profondes ; corolle de deux pétales ou plus, manquant quelquefois ; étamines en nombre limité ou indéfini, libres ou réunies ; ovaire libre ; un style à trois stigmates ; fruit sec ou peu charnu, composé de trois coques.

Cette famille est très-variée pour la figure de ses plantes, dont plusieurs ont le port des cactus. Elle habite en majorité l'Amérique équatoriale. La plupart des EUPHORBIACÉES contiennent un suc laiteux fort âcre et souvent vénéneux. Certaines espèces donnent en outre une résine particulière et quelques-unes fournissent un principe colorant.

**Pr. esp.** 1° Les EUPHORBES (*Euphorbia breoni, jacquiniæflora, carnosa, spinosa*), à tiges épineuses dans plusieurs espèces, à fleurs généralement d'un beau rouge, et dont le suc lactescent est un violent purgatif qu'on ne doit prendre qu'avec beaucoup de précaution. 2° Le CROTON

DES TEINTURIERS (*Croton tinctorium*), qui fournit la couleur bleue dite *tournesol*. 3° Le RICIN (*Ricinus communis*), plante de l'Inde, qui donne par la pression l'huile grasse appelée huile de *palma Christi*. 4° Le MÉDICINIER ou MANIOC (*Manihot utilissima*), qui contient dans ses racines un principe regardé comme le plus violent poison; sa volatilité permet cependant de retirer de ces mêmes racines une fécule alimentaire qui prend, selon le mode de préparation, les noms de *manioc*, *cassave*, *tapioka*, etc. 5° Le BUIS (*Buxus sempervirens*) dont le bois, utile dans les arts, l'est aussi en médecine comme sudorifique. 6° L'HÉVÉE DE LA GUYANE (*Hevea guyanensis*), qui est de tous les végétaux connus celui qui fournit le plus adondamment la résine élastique nommée *caout-chouc*.

## 2ᵉ F. Cucurbitacées.

Plantes herbacées, rampantes, volubiles, couvertes de poils courts et rudes; feuilles alternes, pétiolées; vrilles croissant à côté des pétioles; calice monosépale à cinq lobes; corolle à cinq pétales, faisant corps avec le calice; cinq étamines; anthères ordinairement tortueuses, parfois adhérentes; ovaire infère à une seule loge; un style à trois stigmates; fruit charnu ou péponide.

Les CUCURBITACÉES aiment les climats chauds, et demandent des soins particuliers de culture dans les régions tempérées. La plupart de ces plantes possèdent une vertu purgative, et la pulpe de plusieurs espèces est sucrée et rafraîchissante.

**Pr. esp.** 1° La COURGE POTIRON et la CITROUILLE (*Cucurbita maxima, C. pepo*), dont les fruits, remarquables par leur volume, ont une pulpe douce, alimentaire. 2° Le CONCOMBRE (*Cucumis sativus*), dont les jeunes fruits, confits dans le vinaigre, portent le nom de *corni-chons*. 3° Le Melon (*C. melo*), qui donne un fruit rafraî-chissant, et des graines que l'on fait servir à des prépara-tions émulsives et laiteuses. La Pastèque ou le Melon d'eau (*C. citrullus*) a une chair rosée et aqueuse également très-rafraîchissante. 4° La Coloquinte (*C. colo-cynthis*), plante originaire d'Orient. C'est un des plus violents purgatifs. 5° La Calebasse (*Lagenaria vul-garis*), dont le fruit a tantôt la forme d'une poire, tantôt celle d'une massue. Son enveloppe, assez dure, vidée de sa pulpe aqueuse, se dessèche, et sert souvent de bouteille dans la campagne.

A la suite de cette famille est le genre Passiflore ou Grenadille, composé de plusieurs espèces qui toutes forment de jolies palissades, ou des guirlandes élégantes d'une grande étendue. La disposition de quel-ques-uns de leurs organes qu'on a comparés avec les ins-truments de la passion, leur a fait donner le nom de Fleurs de la passion. Parmi les espèces que nous cul-tivons, on remarque : 1° la Grenadille a feuilles lo-bées en palmes (*Passiflora palmata*), à fleurs violettes, solitaires ; 2° la Grenadille bleue (*P. cærulea*) ; 3° la Grenadille ailée (*P. alata*), etc.

### 3ᵉ F. Urticées.

Plantes herbacées ou ligneuses ; feuilles alternes ; fleurs uni-fères, rarement mixtes, offrant divers modes d'inflorescence ; corolle nulle ; calice monosépale divisé vers son limbe ; éta-mines définies, insérées au fond du calice et opposées à ses divisions ; ovaire supère ; un ou deux styles ; le fruit est une baie formée par le calice devenu charnu, ou un sycône produit par l'épaississement du réceptacle (pl. **XXVII**). 

Cette famille, en partie originaire d'Orient, s'est propagée dans nos contrées méridionales. Les plantes qu'elle renferme ont entre elles peu d'analogie, et leurs caractères sont très-variables ; elles donnent des fruits acides ou sucrés, des sucs purgatifs ou vénéneux, et d'autres produits utiles dans l'économie domestique.

**Pr. esp.** 1° L'ORTIE BRULANTE (*Urtica urens*), petite plante aux feuilles couvertes de poils, dont la piqûre est très-cuisante. L'ORTIE DIOÏQUE (*U. dioïca*), autre espèce, commune dans les campagnes, sert de fourrage dans le nord de l'Europe. 2° Le CHANVRE (*Cannabis sativa*), qui fournit des fibres avec lesquelles on prépare de la filasse, et dont la graine, appelée *chènevis*, sert de nourriture aux oiseaux, et donne une huile employée pour la fabrication du savon noir et pour l'éclairage. Le chanvre, qui porte les fleurs à étamines et que l'on nomme vulgairement CHANVRE FEMELLE, a la tige plus grêle et se dessèche plus vite que celui qui porte des graines, et que l'on nomme communément CHANVRE MALE. Macéré dans l'eau, il sert à la confection des tissus et des cordages. Toutes les parties de cette plante ont une odeur désagréable, et ses émanations sont dangereuses pendant le *rouissage* ou la macération dans l'eau. 3° La PARIÉTAIRE (*Parietaria officinalis*), plante rafraîchissante, qui croît dans les fentes des vieux murs. 4° Le HOUBLON (*Humulus lupulus*), à tige volubile, et dont le fruit est un cône. 5° L'ARBRE A PAIN ou JACQUIER (*Artocarpus incisa*), qui porte un fruit composé d'ovaires agglomérés sur un réceptacle charnu, et formant une sorte de baie de la grosseur de la tête d'un homme. La pulpe de ce fruit, douce et agréable, sert de nourriture aux habitants de l'Océanie. 6° Le Murier noir (*Morus nigra*), de Perse, dont les fruits ressemblent à la framboise, et ont une saveur sucrée légèrement aigrelette. Le Murier blanc (*M. alba*) de la Chine a des fruits semblables à ceux de l'espèce précédente, mais blancs. Sa culture est un objet de grande importance dans quelques parties de la France et de l'Europe méridionale, à cause de ses feuilles qui servent à nourrir les vers à soie. 7° Le Murier a papier (*Broussonetia papyrifera*), originaire de la Chine et cultivé dans tous les jardins ; ses fruits sont sucrés et agréables, et son écorce peut servir à faire du papier. 8° Le Figuier (*Ficus communis*, pl. XXVII, fig. 1), arbre d'Orient, naturalisé dans les pays méridionaux ; il a des bourgeons allongés en pointes, et des fleurs réunies en grand nombre dans un réceptacle commun, pyriforme et presque entièrement fermé par plusieurs rangs de petites dents ; les fruits, ou *figues*, se composent du réceptacle et des ovaires enchâssés dans la pulpe. Les figues fraîches sont d'une saveur douce et agréable. On peut les conserver après les avoir fait sécher au soleil, elles sont alors beaucoup plus sucrées. Les figuiers des régions tropicales, particulièrement le Figuier élastique (*F. elastica*), donnent une quantité notable de *caoutchouc*. 9° Le Poivrier (*Piper nigrum*), plante grimpante, de l'Inde ; ses baies, desséchées et réduites en poudre, sont une épice connue en Europe. Le Poivrier cubèbe (*P. cubeba*) est employé en médecine pour l'action stimulante de ses fruits. Le Poivrier bétel (*P. betle*) est une autre espèce dont les Orientaux mâchent habituellement les feuilles amères mélangées avec le cachou.

## 4ᵉ F. Amentacées.

**Arbres** ou arbrisseaux ; feuilles alternes, tombantes ; fleurs solitaires, le plus souvent unisexuelles, disposées en chatons ou en faisceaux ; calice ordinairement d'une simple écaille ; ovaire à une ou plusieurs loges ; un style à deux ou trois stigmates ; fruit en cône, en noix ou en gland, accompagné d'une cupule.

Les **Amentacées** composent une famille presque exclusivement européenne. La plupart des grands arbres forestiers qui servent à notre chauffage et à nos constructions en font partie. On la subdivise en six sections, que plusieurs botanistes considèrent comme autant de familles distinctes. 1° Les **Ulmacées**, 2° les **Salicinées**, 3° les **Myricées**, 4° les **Bétulacées**, 5° les **Platanées**, 6° les **Cupulifères**.

**1ʳᵉ *Section*. Ulmacées**. Cette section comprend des végétaux à feuilles alternes, stipulées, à fleurs ordinairement mixtes et à fruits samaroïdes ou capsulaires.

**Pr. esp. 1°** L'Orme (*Ulmus campestris*), grand arbre dont le tronc est droit, l'écorce raboteuse, les racines grosses et longues, la feuille crénelée, rude et crépue, le bois jaune et dur. Il est commun dans les bois peu élevés. 2° Le Micocoulier (*Celtis australis*), que l'on trouve dans le midi de la France, où il se fait remarquer par le vert foncé de ses feuilles, et dont le bois est très-recherché par les ébénistes.

**2ᵉ *Section*. Salicinées**. Arbres ou arbustes qui se plaisent d'ordinaire dans les prairies et dans les lieux humides. Leur bois est blanc, léger et tendre ; on les multiplie très-facilement par boutures : ce sont les Saules, végétaux dont l'écorce amère contient un principe fébrifuge, et les Peupliers, qui sécrètent une résine balsamique médicinale.

**P. G.** 1° Les Saules (*Salix*), dont le bois est blanc, le tronc raboteux, les feuilles étroites, allongées, grisâtres d'un côté et vertes de l'autre. Les plus communs sont le Saule blanc (*S. alba*), espèce cassante, qui croît parfaitement sur les bords des ruisseaux, et est une ressource pour les pays de vignobles, auxquels il fournit des échalas. L'Osier jaune (*S. vitellina*), dont les jeunes branches, souples et pliantes, servent à différents usages domestiques, et surtout aux ouvrages de vannerie. Le Saule pleureur (*S. babylonica*), remarquable par l'effet pittoresque que produisent ses rameaux déliés, flexibles et inclinés vers la terre. 2° Les Peupliers (*Populus*), qui ont la tige élevée, droite, unie et blanchâtre, le bois léger et tendre, les feuilles larges et comme vernissées. On en distingue aussi plusieurs espèces : le Peuplier blanc (*P. alba*), un de ceux que l'on rencontre le plus ordinairement. Le Peuplier pyramidal (*P. fastigiata*), dont la végétation est prompte et vigoureuse. Il est originaire d'Orient, d'où il passa en Italie ; de là son nom de Peuplier d'Italie. Le Peuplier tremble (*P. tremula*), dont les feuilles rondes, portées sur de longs pétioles, sont excessivement mobiles.

**3e *Section*. Myricées.** Végétaux à feuilles alternes ou éparses, à fleurs unisexuelles, disposées en chatons, à fruit sec ou drupacé.

**Pr. esp.** 1° Les Ciriers de la Louisiane et de la Pensylvanie (*Myrica cerifera, pensylvanica*), arbustes d'une odeur très-forte qui éloigne les insectes, et dont les baies fournissent une cire verte qui peut remplacer celle des abeilles. On cultive quelques-uns de ces arbrisseaux pour l'ornement, entre autres le CIRIER A FEUILLES DE CHÊNE (*M. quercifolia*). 2° Le CASUARINA (*Casuarina equisetifolia*), qui, par son port, ressemble à une prêle gigantesque. 3° Le LIQUIDAMBAR (*Liquidambar styraciflua*), bel arbre résineux, originaire de l'Amérique septentrionale.

**4ᵉ Section. Bétulacées.** Arbres d'une assez grande élévation ; feuilles simples, alternes ; fleurs en chatons écailleux ; les écailles, quelquefois persistantes, forment une espèce de cône.

**Pr. esp.** 1° Le BOULEAU BLANC (*Betula alba*), qui croît dans les terrains les plus arides, et se fait reconnaître aisément à son tronc recouvert d'un épiderme blanc et nacré, qui s'enlève par feuillets ; c'est l'arbre qui s'avance le plus loin vers les contrées du pôle glacial, et que l'on observe aussi le dernier en gravissant les pentes des hautes montagnes. Le tronc du bouleau devient fort gros, son bois est léger, ses feuilles sont semblables à celles du tremble, mais plus petites, vertes et crénelées. 2° L'AUNE (*Alnus communis*), qui est droit, a la feuille ronde, l'écorce rouge et le bois tendre ; il est commun dans les lieux humides et sur les bords des ruisseaux.

**5ᵉ Section. Platanées.** Beaux arbres à feuilles alternes, grandes, divisées en trois ou cinq lobes palmés ; fleurs formant des chatons globuleux et compactes, renfermant plusieurs ovaires qui deviennent des graines rétrécies, renversées et velues à la base.

**Pr. esp.** 1° Le PLATANE D'ORIENT (*Platanus orientalis*), qui s'élève à une grande hauteur, et dont le bois dur a une écorce verdâtre. 2° Le PLATANE D'OCCIDENT (*P. occidentalis*), qui vient de l'Amérique, dont le tronc est vert jaunâtre, et qui porte des feuilles larges à lobes peu profonds.

**6ᵉ *Section*. Cupulifères.** Arbres les plus beaux et les plus utiles de nos forêts; feuilles alternes; fleurs en chatons; ovaire infère et environné d'un involucre, devenant une cupule pour le fruit, qui est un gland.

**Pr. esp.** 1° Le Chêne (*Quercus robur*), le premier des arbres pour l'étendue, la force, la fermeté et la dureté de son bois, qui sert dans les constructions et pour l'ameublement. C'est avec son écorce concassée, qui dans cet état porte le nom de *tan*, que l'on tanne les diverses espèces de cuirs. Ses fruits, appelés *glands*, nourrissent les pourceaux. Enfin ses dépouilles engraissent la terre par les sels qu'elles contiennent. Le Chêne liége (*Q. suber*) fournit la substance connue sous le nom de *liége*. Il se forme sur les feuilles du Chêne a galles (*Q. infectoria*), par la piqûre d'un insecte, une petite excroissance qu'on appelle *noix de galle*, et qui est très-utile pour la teinture et la composition de l'encre. Sur la feuille d'un chêne vert, appelé Chêne a kermès (*Q. coccifera*), on recueille de la même manière le *kermès*, avec lequel on fait une belle couleur écarlate autrefois très-usitée en teinture, et devenue plus rare aujourd'hui. 2° Le Coudrier ou Noisetier (*Corylus avellana*), arbrisseau qui vient par touffes et qui ne porte pas de fleurs, mais seulement quelques flocons. De chaque chaton il sort de petites pellicules où la noisette est renfermée. L'Avelinier rouge (*C. tubulosa*), autre espèce indigène, a des feuilles colorées et donne une amande très-agréable. 3° Le Charme (*Carpinus betulus*), employé pour former ces palissades nommées *charmilles*. 4° Le Hêtre (*Fagus* *sylvatica*), dont la tige est droite, l'écorce unie et blanchâtre, la feuille petite, d'un beau vert un peu luisant; il donne un petit fruit appelé *faine*, dont on tire de l'huile, et qui engraisse certains animaux. 5° Le CHATAIGNIER (*Castanea vesca*), arbre qui atteint quelquefois de prodigieuses dimensions. Son fruit est une capsule épineuse, s'ouvrant en deux ou quatre parties, et renfermant dans une seule loge autant de grosses graines qu'il y avait de fleurs dans l'involucre. Ces graines, connues sous le nom de *châtaignes*, sont appelées *marrons* lorsqu'elles sont plus grosses, plus arrondies et moins nombreuses dans chaque cupule.

## 5ᵉ F. Conifères.

Famille nombreuse, formée d'arbres et d'arbrisseaux toujours verts et résineux; feuilles persistantes, souvent linéaires; fleurs ordinairement en cône ou en chaton, munies d'écailles; étamines sans filet, portées par l'écaille ou l'axe du chaton; ovaire supère, surmonté d'un stigmate simple ou bifide, à une seule loge et un seul ovule; fruit en cône écailleux.

Les CONIFÈRES sont des plantes à tiges résineuses dont on tire différentes substances, telles que la *térébenthine* qui est employée en médecine, et sert aussi dans les arts aux préparations connues sous les noms de *poix résine*, *colophane*, *goudron*, etc. Plusieurs de ces végétaux fournissent des poutres et des planches très-longues et très droites.

**Pr. esp.** 1° Le PIN SAUVAGE (*Pinus sylvestris*), grand arbre à tête plus ou moins touffue, remarquable par son air agreste et sauvage, par son bois sombre, ses feuilles étroites et longues. Ses fruits coniques, composés d'écailles renflées à leur sommet, sont vulgairement nommés *pommes de pin*. Le PIN MARITIME (**P.** *maritima*), à cônes et à feuilles d'une grande longueur, se plaît au milieu des dunes et des bruyères; il réussit très-bien dans dans le département des Landes. 2° Le SAPIN (*Abies taxifolia*), au bois sec, résineux et léger, aux feuilles persistantes, dont les rameaux sont étalés horizontalement et dont la forme est pyramidale. 3° Le MÉLÉZE (*Larix europæa*), au bois rougeâtre, à feuilles fasciculées et caduques, lesquelles, à cause de la finesse de leur vert tendre, offrent au printemps un aspect tout-à-fait pittoresque. Les cônes latéraux, et composés d'écailles, sont terminés en pointe. 4° Le CÉDRE DU LIBAN (*Cedrus libani*), l'un des arbres les plus grands et les plus majestueux de tout le règne végétal. Ses feuilles articulées sont disposées en faisceaux; son bois est dur, rougeâtre et odoriférant. 5° Le GENÉVRIER (*Juniperus communis*), dont le fruit globuleux, charnu, bacciforme et de la grosseur d'un pois, sert à aromatiser certaines liqueurs. 6° Le CYPRÉS (*Cupressus sempervirens*), arbre lugubre, d'un vert sombre, au bois dur, jaunâtre, odorant et presque incorruptible. Le fruit est un cône sphérique, à écailles ligneuses en forme de têtes de clou, et recouvrant chacune plusieurs graines ailées. 7° Le THUYA D'ORIENT (*Thuya orientalis*), aux feuilles imbriquées et aplaties, et dont les cônes sont globuleux. C'est du THUYA ARTICULA du Maroc que vient la *sandaraque*. 8° L'IF COMMUN (*Taxus baccata*), arbre au bois très-dur, incorruptible, à feuilles raides, linéaires, d'un vert noirâtre et à baies vénéneuses d'un rouge de cerise.

# TROISIÈME PARTIE.

## HERBORISATION.

Si l'étude des termes propres de la botanique présente parfois quelques difficultés aux élèves, cette science leur offre en compensation de bien douces jouissances. Ainsi, en outre des satisfactions attachées au soin des plantes que l'on cultive, l'Herborisation procure un plaisir réel, tant par les excursions matinales qu'elle nécessite que par l'analyse des échantillons recueillis dans d'agréables promenades à la campagne.

L'hiver est la seule époque de l'année où l'on puisse étudier la floraison des végétaux cryptogames ; cependant le printemps et l'été sont les deux saisons les plus favorables pour l'herborisation. C'est alors un bonheur pour les botanistes de commencer leurs courses dès l'aurore, de se transporter au milieu des prés, des bois, dans les lieux montueux et incultes, afin d'étudier les plantes telles que la nature les produit, sous leur véritable port, avec leurs caractères propres, et toutes ces circonstances

16

de localité qui leur donnent tant de charmes, surtout dans le pays que chacune habite.

Il faut cueillir les plantes aussitôt qu'elles ont perdu l'humidité de la rosée, et sans attendre les ardeurs du soleil qui pourraient nuire à quelques-unes.

Lorsqu'on se dispose à herboriser, il est nécessaire de se munir d'une boîte de fer-blanc. Un portefeuille, ou carton garni de quelques feuilles de papier non collé, un bon couteau et un sécateur, compléteront les objets utiles pendant l'excursion. Dans la boîte on placera les plantes les plus fermes, dont les rameaux et les pétioles se ploieront mieux à la dessiccation lorsqu'elles seront un peu flétries. Le portefeuille recevra, au contraire, celles dont la texture délicate se froisserait du moindre contact, comme la fleur du *coquelicot*, les feuilles de la *nicotiane*; ce sont les moins nombreuses.

Au retour de l'exploration, pendant laquelle on a souvent partagé avec d'autres le bonheur de jouir de la vue des plantes, de respirer un air pur et de prendre un exercice salutaire, un nouveau plaisir attend le botaniste, celui de composer de ses propres mains un herbier, souvenir de ses promenades.

## HERBIER.

Le but que l'on se propose en formant un HERBIER, ou collection de végétaux, est d'avoir en tout temps, comme objet d'étude, de souvenir, de curiosité, et surtout de comparaison, des échantillons de chaque famille ou de chaque espèce de plantes. Pour atteindre ce but d'une manière utile et agréable, il est nécessaire de conserver à chaque individu de la collection son aspect propre et les caractères qui le font reconnaître. Toutes les parties d'une plante contribuant à la distinguer, il faut autant que possible les dessécher; cependant certains organes, tels que les racines, sont peu susceptibles de dessiccation; pour cette raison, on se contente ordinairement d'en indiquer la forme (1).

Il faut observer dans le choix des plantes pour l'herbier: 1° qu'elles ne conservent aucune humidité, ou qu'elles soient essuyées avec soin entre deux linges, et exposées à l'air libre, avant de les soumettre à la pression; 2° qu'elles présentent tous les caractères distinctifs de l'espèce à laquelle elles appartiennent. Si, pour disposer une plante convenablement à la dessiccation, on en retranche quelques organes, il faut laisser la naissance de chacun, pour marquer la disposition de la floraison, de la ramification, etc. On met à part, pour la dessécher, une fleur entière que l'on place de manière à en faire voir toutes les parties. Il est bon aussi de présenter en différentes positions, et du côté de leur surface inférieure, quelques autres fleurs, ainsi que diverses feuilles caulinaires et radicales, dont la forme varie si souvent sur la même plante. Quand les tiges sont trop épaisses, on les fend longitudinalement pour en faire écouler les sucs, ou en retrancher les parties ligneuses trop résistantes à la pression.

Il est permis en peignant une fleur de la poser gracieusement; en la desséchant il ne faut s'occuper que de con-

_____

(1) Quelques personnes font des collections particulières de racines et de fruits. Ces organes, quoique desséchés, peuvent quelquefois retrouver leur forme première lorsqu'on les plonge dans l'eau chaude.

server à la plante son port naturel. On la dispose avec soin sur un lit de quatre feuilles de papier non collé, ou papier brouillard. A mesure qu'on étend une partie, on l'assujettit avec une pièce de monnaie, ou des lames de plomb, qu'on retire une à une avec précaution lorsque la plante est parfaitement étendue. On la couvre alors d'une feuille de papier brouillard, puis d'un paquet de quatre ou cinq autres feuilles de papier, sur lequel on pose une petite planchette de même grandeur, s'il est possible. On recouvre ensuite la planche de trois ou quatre feuilles sur lesquelles on dispose de la même manière une nouvelle plante, et l'on continue ainsi successivement jusqu'à la dernière planchette de la pile, que l'on charge d'un poids modéré, ou que l'on place sous une presse légèrement serrée. Cette première pression doit être faible pour éviter l'expansion des sucs et de l'humidité des plantes, ce qui nuirait beaucoup à la conservation des tissus et des couleurs. Ordinairement on renouvelle l'opération, en changeant les premiers papiers au bout de douze ou quinze heures. Après la deuxième pression on pourra laisser les mêmes feuilles vingt-quatre heures, puis davantage, observant d'augmenter le poids ou la pression chaque fois qu'on renouvellera les opérations, et d'exposer la plante quelques instants à l'air libre dans l'intervalle de chacune.

Les *plantes grasses* demandent des précautions particulières pour leur dessiccation. Quelques personnes les mettent au four attiédi à la chaleur de la main ; ce moyen les rend trop cassantes ; il vaut mieux piquer en plusieurs endroits les tiges et feuilles pour en faire sortir le suc.

Les *espèces aquatiques* exigent un procédé tout-à-fait

à part. Il faut d'abord les jeter dans l'eau, les y laisser quelque temps pour se développer et se dégager du limon et des autres parties étrangères, qu'elles entraînent ordinairement avec elles. Pour les plantes marines, cette opération a un second but : c'est de les dessaler, sans quoi elles moisiraient et se pourriraient en peu de temps. On change donc fréquemment l'eau où elles baignent au moins vingt-quatre heures. Après ce lavage, on couvre d'une nouvelle eau la plante, mise dans un vase très-plat et d'une largeur convenable à son entier développement. Plus les bords du vase sont plats, mieux réussit cette opération, qui demande assez d'adresse. On écarte alors avec un style les différentes parties de la plante, puis on en retranche quelques-unes pour rendre plus distinctes celles que l'on doit conserver. Lorsque l'échantillon se trouve dans la forme où l'on désire le dessécher, on insinue dessous une feuille de papier, observant de la relever avec beaucoup de précaution, afin que la plante y demeure, autant que possible, dans la position où elle devra rester ; cette feuille, portant l'échantillon, se place immédiatement sur un lit de papier non collé. Avec le style, on écarte de nouveau toutes les parties quelquefois si tenues de la plante, puis on la recouvre de six autres feuilles de papier brouillard.

Lorsque les *conferves* et les *fucus* sont extrêmement délicats, au lieu de les dessécher sur une feuille de papier gris, on les place tout de suite sur le papier blanc où ils doivent rester dans l'herbier, parce qu'ils s'y attachent sous la pression par leur colle propre, de telle sorte qu'on ne pourrait les déplacer sans les déchirer. Les plus gros *varecs* seuls se peuvent tourner, comme les

16.

autres plantes, sur la feuille où ils auront été retirés de l'eau.

Il ne faut pas se hâter de placer les plantes dans l'herbier. La dessiccation est quelquefois plus apparente que réelle, et quelques jours humides suffiraient pour noircir et gâter de beaux échantillons, quand on les a trop tôt enlevés de la presse.

Quant à l'ordre à établir dans la disposition des plantes, il est inutile de dire qu'il doit être conforme à la méthode de classification que l'on a adoptée. Lorsque les échantillons sont bien desséchés, on place chaque espèce dans une feuille à part. On y joint une étiquette portant l'indication de la plante, celle de son lieu natal, le nom de la personne qui l'a donnée, si on ne l'a pas recueillie soi-même, et les observations que l'on a pu faire sur cette même plante. On réunit ensuite toutes les espèces par genres, familles, classes, et l'ensemble de ces divisions forme l'herbier.

Lorsqu'un herbier n'est pour son auteur qu'un objet d'amusement ou de souvenir, des album où les plantes seraient fixées avec de la gomme arabique ou adragante sur une feuille de papier non collé, recouverte par une feuille volante de papier gris, pourraient suffire à leur conservation. Pour de véritables amateurs, ce mode ne peut être adopté: il faut pouvoir reprendre la plante afin de l'étudier, la retourner, en examiner chaque partie, la soumettre parfois à la vapeur de l'eau bouillante, etc. Pour faciliter les observations, renouveler les individus s'ils ont souffert, ou leur faire céder la place à d'autres plus complets, quelques personnes se contentent de fixer les échantillons avec une épingle après y avoir enfilé l'étiquette. Il semble mieux d'attacher la plante avec de petites lanières de papier passées dans la feuille sur laquelle repose l'échantillon, que l'on peut ainsi détacher facilement pour l'étudier ou le visiter, afin de le préserver des premières atteintes des insectes. Pour garantir un herbier de ce fléau, on peut, avant de le composer, tremper dans une décoction d'*alun* le papier destiné à recevoir les plantes; mais il faut attendre, pour s'en servir, qu'il soit parfaitement sec. Un second moyen employé souvent avec succès, c'est de passer légèrement sur chaque plante, avec un pinceau, une essence aromatique de *serpolet*, *lavande*, etc. Le *camphre*, le *poivre* sont d'autres préservatifs dont l'usage est trop connu pour qu'il soit nécessaire de l'indiquer.

Il est enfin une précaution indispensable à prendre pour conserver un herbier : c'est d'avoir soin de le placer dans un lieu bien sec et abrité des rayons du soleil. Quelques botanistes renferment leurs collections dans des boîtes, d'autres les laissent à l'air, disposées sur des tablettes, en paquets d'une médiocre épaisseur. Ce dernier moyen est plus propre à faciliter les recherches, et le premier plus favorable pour la conservation des plantes.

# APPENDICE


SUR L'EMPLOI USUEL DE QUELQUES PLANTES MÉDICINALES.

L'agrément répandu sur nos loisirs par l'étude de la botanique n'est pas son unique but : la connaissance des propriétés des plantes, plus utile que celle de leurs noms, peut servir à l'exercice de la charité.

Il faut avoir habité une campagne isolée pour comprendre à quel point ses malheureux habitants peuvent s'y trouver dénués de secours, et combien il est facile de soulager leurs maux en y appliquant avec intelligence les plus simples remèdes. La bénédiction de Dieu et la forte constitution des pauvres suppléent aux ressources médicinales.

La Providence a placé dans les végétaux des sucs propres qui seraient probablement tous utiles, si nous connaissions leurs qualités et la mesure convenable pour leur application. L'ignorance, trop générale à cet égard, ne permet cependant d'indiquer ici que les plantes qui ne peuvent en aucune circonstance être regardées comme vénéneuses ou dangereuses ; l'emploi de telles substances par des personnes sans études spéciales devant être toujours regardé comme une imprudence coupable.

Les végétaux s'emploient desséchés à l'ombre et au grand air, sauf quelques exceptions ; les feuilles d'oranger, par exemple, demandent une dessiccation plus prompte, qu'on obtient en les exposant, dans des sacs de papier, aux influences d'un soleil modéré.

Les tisanes se font ordinairement par l'infusion des feuilles dans l'eau bouillante pendant un quart d'heure. Ce temps suffit pour l'absorption des sucs et de l'arome. La décoction est plus ordinaire pour les racines et les graines.

Les ressources ménagères, étant les plus faciles à rencontrer, méritent d'être citées les premières : le *vin*, l'*huile d'olive*, l'*eau-de-vie*, le *sucre* forment, avec le *miel*, le *lait*, le *beurre*, la *cire*, le *sel marin*, le *bouillon*, le fonds nécessaire de toute pharmacie charitable. Le mélange de ces substances, si précieuses à la nourriture de l'homme, se présente en maintes façons pour guérir ses blessures ou diminuer ses souffrances, depuis le simple baume du Samaritain jusqu'aux onguents les plus compliqués.

Le *vin* est la base de plusieurs MÉDICAMENTS TONIQUES et VERMIFUGES. Beaucoup de FÉBRIFUGES s'infusent dans du *vin blanc*.

L'*huile d'olive aromatisée* constitue les LINIMÉNTS.

L'*eau-de-vie* entre dans la plupart des VULNÉRAIRES, etc.

Les *Graminées* viennent ensuite : le *son* et l'*avoine*, grillés dans une poêle et noués dans de petits sacs, réchauffent les FRISSONNANTS et calment les douleurs de RHUMATISME ; la *galette de farine*, détrempée d'eau, cuite au beurre, est un excellent cataplasme, si l'humidité est à redouter; le *riz*, le *son*, la *graine de lin*, feront des cataplasmes ÉMOLLIENTS et donneront des tisanes ADOUCISSANTES, ainsi que le *gruau d'orge* et celui *d'avoine*. On peut faire alterner ces boissons, dans les FIÈVRES D'ACCÈS, avec l'*eau de groseille*, l'*eau panée* et *vinée*, la *limonade*, etc.

Voilà des moyens jamais nuisibles, et souvent efficaces, pour dissiper un léger malaise et diminuer celui
qui présagerait une maladie grave, où des secours plus
puissants deviendraient nécessaires. Suivant l'indication
de symptômes particuliers, on peut faire usage de tisanes
faites avec quelqu'une des plantes dont les propriétés
sont indiquées à la table ci-jointe.

L'APOPLEXIE est une des circonstances inopinées où
la promptitude des secours peut sauver la vie. En atten-
dant les moyens de saigner ou de mettre les ventouses,
on peut appliquer des *sinapismes* aux mollets; les meilleurs sont la *farine de moutarde*, délayée à froid avec
du vinaigre ou de l'eau, mélangée à de la *farine de lin*
pour lui donner plus de consistance. On enveloppe cette
préparation d'une *gaze* ou d'une *mousseline* très-claire,
à défaut desquelles on la place sur de la filasse ou sur
un linge; mais la gaze vaut mieux pour toute espèce de
cataplasme. Il arrive souvent que les sinapismes n'agissent pas, parce que la farine de moutarde s'évente avec
une grande facilité. Il faut piler la graine ou la moudre
en petite quantité à la fois pour l'employer aussi fraîche
que possible, et la conserver dans un flacon bouché avec
soin et recouvert d'un parchemin ou d'une peau de gant.
Si la moutarde manquait, on pourrait appliquer des
sinapismes de *gousses d'ail, racines de raifort* et *feuilles
de rue*, pilées avec du sel et arrosées de vinaigre.

Les accidents subits et leurs suites ordinaires, CON-
TUSIONS, BLESSURES, BRULURES, MACHURES, etc., récla-
ment encore plus souvent les soins urgents de la charité. Les ressources que peuvent lui présenter les végétaux qui se trouvent alors sous la main se partagent

en trois séries, applicables suivant les circonstances :

1° Aux CONTUSIONS EXTÉRIEURES : quelques herbes résolutives pilées avec du sel, *seneçon*, *fenouil*, *persil*, etc., placées à l'instant sur le mal, empêchent souvent un dépôt; on s'en sert quand on n'a pas autre chose, et on y joint le plus tôt possible, dans les chutes, les vulnéraires internes, spiritueux, ou composés d'infusions aromatiques : le *café noir* est un très-bon VULNÉRAIRE.

2° Pour les PLAIES RÉCENTES on emploie différents baumes, ordinairement composés de spiritueux saturés par les sucs aromatiques et visqueux de divers simples, particulièrement des *labiées, lis, laurier, baumier*, etc. Tous ces mélanges sont bons, lorsque rien n'a pu envenimer la plaie, et qu'elle n'annonce encore aucune suppuration.

3° Les *onguents* sont préférables quand la SUPPURATION est déjà établie. Il faut observer la même distinction pour les brûlures. Si l'on arrive à temps pour porter remède avant la formation des cloches ou vésicules, tout ce qui peut diminuer l'ardeur du mal est excellent : eau *froide*, eau légèrement *vinaigrée*, topiques de *pommes de terre* et *carottes crues rapées*, gelée de *groseille*, de *pomme* ou de *coing*, etc.; mais si la cloche est formée, il vaut mieux recourir aux préparations grasses, après avoir enlevé avec soin l'épiderme, comme pour panser un vésicatoire. L'huile d'olive, le beurre très-frais, fondu et clarifié, le beurre de cacao servent de base à plusieurs onguents, qui réussissent également bien quand on les emploie avec soin et discernement. Les feuilles et fleurs du *millepertuis perforé* macérées dans l'huile d'olive ajoutent peut-être quelque chose à ses qualités curatives pour les brûlures, la *piloselle* et autres plantes à celles du beurre pour *toile de mai*, etc.

Il est raisonnable de croire que les plantes les plus renommées dans chaque pays pour ces genres de cure doivent être les meilleures, quand elles rentrent par leur nature dans les conditions générales que nous venons d'indiquer. Nul doute que la diversité des sols et des expositions modifie les propriétés des simples, et que l'expérience peut faire préférer différentes plantes suivant les lieux. On peut donc choisir avec discernement, dans le grand nombre des remèdes les plus simples, ceux qu'il est plus facile de composer et d'appliquer dans les circonstances où l'on se trouve placé.

Les plantes indiquées comme *herbes aromatiques* s'emploient le plus souvent en décoction pour BAINS FORTIFIANTS et en fumigation pour DÉSINFECTER.

Beaucoup de *Crucifères* sont ANTISCORBUTIQUES; on a marqué d'un A celles qu'on emploie le plus ordinairement dans la confection des *jus d'herbes*. Il suffit de les piler et d'en exprimer fortement le suc à travers un linge mouillé. Souvent on les filtre au papier gris.

**N. B.** Nous donnons ici la composition de deux vulnéraires formés de substances végétales, qui ont la sanction d'une longue expérience et du succès populaire. Se conservant fort longtemps, ils ont l'avantage d'être toujours prêts au besoin. Ils ne sont jamais nuisibles, bien qu'ils ne puissent devenir efficaces quand il y a des lésions graves, exigeant des secours plus puissants.

**Eau rouge.** Placez dans un grand flacon ou petite dame-jeanne en verre, ou en terre vernissée, une certaine quantité d'eau-de-vie dans laquelle vous jetterez, à mesure que vous les recueillerez, ou toutes à la fois, dans la proportion d'une forte poignée de feuilles de chaque espèce pour six pintes d'eau-de-vie, les différentes plantes marquées d'un *astérisque* à la table ci-dessous. Bouchez avec soin le flacon chaque fois que vous l'ouvrirez. Les premiers jours caniculaires étant l'époque où le plus grand nombre de ces plantes sont à l'état de végétation convenable, on les recueille autant que possible à la fois, et on expose pendant six semaines au grand soleil le vase qui les contient, ayant soin de ne pas trop le remplir. Au bout de ces six semaines, on soutire une partie du liquide pour vulnéraire interne qu'on administre pur, ou mêlé par cuillerée à des infusions aromatiques sucrées. Le reste se conserve parfaitement bouché, afin de se servir au besoin de l'*eau rouge*, pour laver les plaies et imbiber les compresses. Le *marc*, haché et mêlé de farine de lin ou de son, sert pour cataplasmes résolutifs dans les grandes contusions. Pour les coupures qui demandent rapprochement, l'usage du *baume du commandeur et bénédictin* s'associe parfaitement à celui de l'eau rouge. On verse le baume dans la plaie en en rapprochant les bords, et on la recouvre de compresses constamment imprégnées d'eau rouge.

### Baume de Genièvre (dit *de Geneviève*).

| | | |
|---|---|---|
| *Huile d'olive*............... | 750 | grammes; |
| *Cire jaune concassée et neuve*.... | 125 | — |
| *Baies de genièvre*........... | 35 | — |
| *Bois de sandal en poudre*....... | 30 | — |
| *Ecorce de quinquina*........... | 50 | — |

Faites bouillir dans un vase de terre vernissée d'une capacité d'environ six litres; remuez avec une spatule de bois, et laissez bouillir environ une demi-heure; retirez du feu, et ajoutez en mêlant toujours :

| | | |
|---|---|---|
| *Térébenthine de Venise*........ | 230 | grammes; |
| *Camphre en poudre*........... | 9 | — |

Le mélange bien opéré, coulez à travers un linge clair et mouillé; laissez reposer vingt-quatre heures; incisez le baume avec la spatule, et faites écouler la partie liquide, qui servira à laver les plaies, imbiber des compresses, etc. Ce baume se conserve dans des pots à confitures couverts de papier ou de parchemin. Il est excellent pour les plaies et les brûlures récentes ou anciennes.

17

# INDICATION DE PLUSIEURS PLANTES (1)

## UTILES DANS UNE PHARMACIE DOMESTIQUE.

| FAMILLES. | NOMS DES PLANTES. | PARTIES EMPLOYÉES. | PROPRIÉTÉS. | USAGES. |
|---|---|---|---|---|
| Flosculeuses..... | ✶ ABSINTHE............... *(Artemisia absinthium.)* | Feuilles....... | Verm., fébr., stom...... | Infusion dans l'eau, le vin, l'alcool. L'eau distillée et anisée est un très-bon stomachique, en petite dose etendue d'eau. |
| Légumineuses... | ACACIA............ *(Ac. vera, mimosa, etc.)* | Gomme arabique....... | Adouc., nut... | Décoction pour diverses tisanes, sirop, pastilles. |
| Ombellifères..... | ✶ ACHE................ *(Apium graveolens.)* | Feuilles....... | Vuln., arom... | |



### (1) Note explicative des abréviations de ce tableau.

| | | | | | |
|---|---|---|---|---|---|
| Adouc. | Adoucissante. | Céph. | Céphalique. | Rafr. | Rafraîchissante. |
| Antidart. | Antidartreuse. | Diur. | Diurétique. | Résol. | Résolutive. |
| Antiscorb. | Antiscorbutique. | Dép. | Dépurative. | Rub. | Rubéfiante. |
| Antispasm. | Antispasmodique. | Em. | Emolliente. | Sopor. | Soporifique. |
| Apér. | Apéritive. | Excit. | Excitante. | Stom. | Stomachique. |
| Arom. | Aromatique. | Fébr. | Fébrifuge. | Sudor. | Sudorifique. |
| Astr. | Astringente. | Lax. | Laxative. | Ton. | Tonique |
| Béch. | Béchique. | Muc. | Mucilagineuse. | Verm. | Vermifuge. |
| Calm. | Calmante. | Nut. | Nutritive. | Vuln. | Vulnéraire. |
| Carm. | Carminative. | Purg. | Purgative. | | |

| FAMILLES. | NOMS DES PLANTES. | PARTIES EMPLOYÉES. | PROPRIÉTÉS. | USAGES. |
|---|---|---|---|---|
| Radiées.. ...... | *<br>ACHILLÉE.............<br>(*Achillea millefolium.*) | Feuilles....... | Vuln.......... | Pilées avec du sel et appliquées en topiques. |
| Champignons.... | AGARIC DE CHÊNE........<br>(*Agaricus chirurgicorum.*) | Toute la plante préparée en amadou..... | Vuln.......... | On l'applique à l'extérieur pour arrêter les hémorragies. |
| Liliacées........ | AIL CULTIVÉ...........<br>(*Allium sativum.*) | Bulbe........ | Verm......... | Suc exprimé, ou simplement bouillie dans du lait sucré. |
| Idem........... | Idem........ | Idem......... | Rub.......... | Pilée avec du sel. |
| Rosacées........ | AMANDIER. ...........<br>(*Amygdalus communis.*)<br>* | Amande...... | Muc., calm., diur., adouc. | Emulsion sucrée (1). |
| Ombellifères..... | ANGÉLIQUE. ...........<br>(*Angelica archangelica.*) | Tige et feuilles. | Vuln., stom... | Employée surtout en conserves. |
| Ombellifères..... | ANIS VERT...........<br>(*Pimpinella anisum*)<br>* | Graine........ | Stom., carm.. | Infusion. |
| Rosacées........ | ARGENTINE. ...........<br>(*Potentilla argentina.*) | Feuilles....... | Vuln.......... | |

(1) **Pour** préparer cette émulsion, on monde les amandes en les plongeant dans l'eau chaude afin d'en ôter la peau, et dans l'eau froide pour les rafraîchir avant de les piler. On ajoute ensuite l'eau, puis on exprime fortement le liquide à travers un linge. Il ne faut qu'une amande amère pour douze amandes douces.

| FAMILLES. | NOMS DES PLANTES. | PARTIES EMPLOYÉES. | PROPRIÉTÉS. | USAGES. |
|---|---|---|---|---|
| Flosculeuses..... | ARMOISE. ..........<br>(*Artemisia maritima.*) | Feuilles....... | Stom......... | Infusion. |
| Radiées........ | ARNICA............<br>(*Arnica montana.*) | Feuilles et fleurs | Vuln., fébr.... | Infusion. Eau distillée. |
| Asparaginées.... | ASPERGE. .........<br>(*Asparagus officinalis.*) | Pousses et ra-<br>cines....... | Apér., diur.... | Sirop, décoction, infusion. Les bourgeons, pris comme aliment, ont les mêmes propriétés. |
| Graminées.... | AVOINE............<br>(*Avena sativa.*) | Graine en gruau | Adouc., lax... | Décoction pour tisane. |
| Labiées........ | BASILIC............<br>(*Ocymum basilicum.*) | Feuilles....... | Vuln., arom... | Décoction pour bains fortifiants, ainsi que les autres plantes aro-matiques. |
| Amentacées.... | BAUMIER. ........<br>(*Populus balsamifera.*) | Bourgeons et feuilles..... | Vuln., arom... | On écrase les bourgeons sur la plaie que l'on bande pour en rap-procher les lèvres. |
| Labiées........ | BÉTOINE............<br>(*Betonica officinalis.*) | Feuilles..... | Vuln......... | Pilées avec du sel et appliquées en topiques. |
| Solanées........ | BOUILLON BLANC.........<br>(*Verbascum thapsus.*) | Fleurs........ | Pect......... | Infusion. |

| FAMILLES. | NOMS DES PLANTES. | PARTIES EMPLOYÉES. | PROPRIÉTÉS. | USAGES. |
|---|---|---|---|---|
| Borraginées..... | A BOURRACHE.............. (*Borago officinalis.*) | Toute la plante. | Rafr., antiscorb. | Infusion ordinairement jointe à celle de chicorée sauvage et d'oseille. Suc exprimé pour les jus d'herbes. |
| Euphorbiacées... | BUIS................. (*Buxus sempervirens.*) | Jeunes pousses. | Fébr., sudor... | Infusion pour tisane amère. Onguent pour les brûlures en faisant bouillir les jeunes pousses dans du beurre très-frais. |
| Rubiacées....... | CAFÉ............. (*Coffea arabica.*) | Graine non brûlée......... | Antiasthmatique...... | Décoction. Tisane pour les asthmatiques. |
| Idem ........ | Idem........... | Graine brûlée.. | Fébr., vuln., Céph., excit. | Infusion mélangée d'un jus de citron, bon fébrifuge dans les fièvres intermittentes. Le même mélange dissipe ou diminue souvent les migraines. |
| Fougères........ | CAPILLAIRE. ......... (*Adianthum capillus veneris.*) | Feuilles... ... | Pect......... | Infusion agréable avec du lait. |
| Idem......... | CAPILLAIRE NOIR........ (*Adianthum nigrum.*) | Idem........ | Idem........ | Idem. |
| Radiées........ | CAMOMILLE. ........... (*Anthemis nobilis.*) | Fleurs........ | Stom., vuln., carm...... | Infusion. |

| FAMILLES. | NOMS DES PLANTES. | PARTIES EMPLOYÉES. | PROPRIÉTÉS. | USAGES. |
|---|---|---|---|---|
| Laurinées...... | CAMPHRIER............ (*Laurus camphora.*) | Suc concret... | Antispasm.... | Entre dans plusieurs compositions de remèdes internes et externes, tels que de l'huile, de l'eau-de-vie camphrées, etc. |
| Ombellifères.... | CAROTTE............ (*Daucus carota.*) | Racine........ | Dép., pect.... | En dose considérable dans du bouillon de veau pour tisane. Râpée crue pour topiques, dans les cas de brûlures et grande inflammation de quelques plaies. |
| Grossulariées.... | CASSIS............ (*Ribes nigrum.*) | Feuilles....... | Stom......... | Infusion. |
| Gentianées...... | CENTAURÉE (petite).... (*Gentiana centaurium.*) | Sommités fleuries........ | Fébr......... | Infusion. |
| Ombellifères.... | CERFEUIL............ (*Scandix cerefolium.*) | Feuilles....... | Sudor........ | Infusion dans l'eau ou le lait. |
| Rosacées........ | CERISIER............ (*Cerasus communis.*) | Pédoncules des fruits........ | Apér., diur... | Décoction des pédoncules verts ou séchés. Sirop de cerises. |
| Semi-flosculeuses. | CHICORÉE SAUVAGE........ (*Cichorium intybus.*) | Feuilles....... | Lax., dépur... | Infusion. Décoction du café de chicorée. |
| Graminées...... | CHIENDENT............ (*Triticum repens.*) | Racine...... | Apér......... | Décoction qui peut servir de base à plusieurs infusions. |

| FAMILLES. | NOMS DES PLANTES. | PARTIES EMPLOYÉES. | PROPRIÉTÉS. | USAGES. |
|---|---|---|---|---|
| Crucifères....... | CHOU ROUGE............ (*Brassica rubra*). | Feuilles....... | Pect.......... | En bouillon pectoral, comme la carotte. |
| Idem.......... | CHOU COMMUN.......... (*Brassica oleracea.*) | Feuilles....... | Antiscorb..... | Flétries en les passant au feu, peuvent servir de cataplasmes. |
| Aurantiacées.... | CITRONNIER............ (*Citrus medica.*) | Fruit......... | Rafr., lax..... | Limonade. |
| Flosculeuses.... | CITRONNELLE........... (*Artemisia abrotanum.*) | Feuilles et fleurs | Vuln., arom... | |
| Crucifères....... | COCHLEARIA........... (*Cochlearia officinalis.*) | Toute la plante. | Antiscorb..... | Suc exprimé. Infusion dans l'eau-de-vie. |
| Rosacées........ | COIGNASSIER.......... (*Cydonia communis.*) | Fruit......... | Astr.......... | Conserve, sirop, fruit cuit. |
| Borraginées.... | CONSOUDE GRANDE....... (*Symphytum officinale.*) | Racine........ | Astr., pect.... | Décoction pour tisane dans les crachements de sang. |
| Papavéracées.... | COQUELICOT............ (*Papaver rhœas*) | Pétales........ | Calm.......... | Infusion *très-légère*. |
| Crucifères....... | CRESSON DE FONTAINE.... (*Nasturtium officinale.*) | Toute la plante. | Antiscorb..... | Cresson mangé cru. Suc exprimé. |

| FAMILLES. | NOMS DES PLANTES. | PARTIES EMPLOYÉES. | PROPRIÉTÉS. | USAGES. |
|---|---|---|---|---|
| Crucifères...... | CRESSON ALENOIS......... (*Lepidium sativum.*) | Feuilles....... | Antiscorb..... | Idem. |
| Palmées........ | DATTIER.......... (*Phœnix dactilifera.*) | Fruit......... | Adouc., muc., pect........ | En décoction, ou comme aliment. |
| Semi-flosculeuses. | EPERVIÈRE PILOSELLE.... (*Hieracium pilosella.*) | Feuilles....... | Apér., vuln... | Infusion dans l'eau pour tisane. Décoction dans le beurre frais pour onguent. |
| Ombellifères.... | FENOUIL.......... (*Anethum fœniculum.*) | Feuilles....... | Vuln., arom., résol...... | Cataplasmes. |
| Urticées........ | FIGUIER CULTIVÉ......... (*Ficus carica.*) | Fruits verts et séchés...... | Adouc., béch.. | Le fruit mangé cru ou sec. Décoction, sirop. |
| Fougères........ | FOUGÈRE MALE......... (*Polypodium filix—mas.*) | Racine....... | Verm......... | Décoction. |
| Rosacées........ | FRAISIER.......... (*Fragaria vesca.*) | Racine....... | Apér., diur... | Décoction. |
| Graminées...... | FROMENT.......... (*Triticum sativum.*) | Son.......... | Adouc., légère- ment astr... | Décoction. |
| Papavéracées.... | FUMETERRE.......... (*Fumaria officinalis.*) | Toute la plante. | Antiscorb..... | Suc exprimé. |
| Conifères........ | GENÉVRIER.......... (*Juniperus communis.*) | Baies et feuilles | Arom., vuln... | Désinfecteur en fumigation. |

| FAMILLES. | NOMS DES PLANTES. | PARTIES EMPLOYÉES. | PROPRIÉTÉS. | USAGES. |
|---|---|---|---|---|
| Gentianées...... | GENTIANE.............. (*Gentiana lutea.*) | Racine........ | Fébr., tonique. | Infusions dans l'eau ou le vin. |
| Labiées......... | GERMANDRÉE............ (*Teucrium chamadrys.*) | Feuilles........ | Fébr., stom... | Infusion. |
| Grossulariées.... | GROSEILLIER........... (*Ribes rubrum*). | Fruit......... | Rafr., muc.... | Sirop. Conserve. Jus sucré. |
| Malvacées....... | GUIMAUVE............. (*Althœa officinalis.*) | Racine........ | Muc., adouc., pect......... | Décoction. Sirop. Pâte. Sert de base avec la réglisse à la plupart des tisanes adoucissantes, qu'on édulcore avec le sirop de guimauve si l'on en a, sinon la décoction de la racine sert aux infusions. |
| Idem......... | Idem............. | Feuilles...... | ............ | Cataplasmes émollients. |
| Idem......... | Idem............. | Fleurs........ | Pect......... | Infusion. |
| Rhamnoïdes..... | HOUX................ (*Ilex aquifolium.*) * | Feuilles....... | Fébr., pect... | Infusions dans l'eau ou le vin. |
| Labiées......... | HYSOPE............. (*Hyssopus officinalis.*) | Feuilles et fleurs | Arom., vuln... | Infusion. |

| FAMILLES. | NOMS DES PLANTES. | PARTIES EMPLOYÉES. | PROPRIÉTÉS. | USAGES. |
|---|---|---|---|---|
| Conifères...... | IF................ (*Taxus baccata.*) | Jeunes pousses. | Fébr......... | Infusions dans l'eau ou le vin blanc. |
| Joubarbes...... | JOUBARBE............ (*Sempervivum tectorum.*) | Feuilles...... | Vuln........ | On enlève la pellicule inférieure des feuilles, que l'on applique comme résolutives sur les maux d'aventure et cors aux pieds. |
| Rhamnoïdes.... | JUJUBIER........... (*Zyzyphus sativa.*) | Fruit........ | Pect........ | En sirop, décoction et conserve. |
| Semi-flosculeuses. | LAITUE............ (*Lactuca sativa.*) | Feuilles...... | Calm., dép.... | Suc exprimé. Eau distillée. |
| Laurinées...... | LAURIER............ (*Laurus nobilis.*) | Feuilles...... | Arom., vuln., exc........ | |
| Laurinées...... | LAURIER–CAMPHRIER...... (*Laurus camphora.*) | Gomme...... | Antispasm.... | En frictions à l'extérieur. A l'intérieur on l'ajoute à diverses potions. |
| Rosacées....... | LAURIER–CERISE......... (*Cerasus laurocerasus.*) | Feuilles...... | Calm........ | Infusions *très-légères* dans l'eau ou le lait. |
| Labiées........ | LAVANDE............ (*Lavandula spica.*) | Feuilles et fleurs | Arom., vuln... | |

| FAMILLES. | NOMS DES PLANTES. | PARTIES EMPLOYÉES. | PROPRIÉTÉS. | USAGES. |
|---|---|---|---|---|
| Lichenées....... | LICHEN D'ISLANDE..... .. (*Cetraria islandica.*) | Toute la plante. | Pect.,fébr.,ton. | Décoction dans une première eau qu'on jette, puis on réduit la deuxième de moitié. La seconde décoction doit souvent être jetée comme trop amère encore. Le lichen s'emploie aussi en confiture ou en gelée. |
| Lichenées....... | LICHEN PULMONAIRE...... (*Sticta pulmonacea.*) * | Idem. ......... | Pect., vuln.... | Moins usité que celui d'Islande. Les sabotiers l'emploient avec succès, grossièrement pilé, en topique sur les contusions récentes. |
| Labiées........ | LIERRE TERRESTRE....... (*Glecoma hederacea.*) | Toute la plante. | Pect., vuln., arom....... | Infusion. |
| Géraniées...... | LIN............ (*Linum usitatissimum.*) * | Graine........ | Emol., diur., muc., lax... | La graine de lin est l'amande des pauvres du Nord. Elle se mélange en décoction aux tisanes, aux loochs, etc. En farine, elle est le meilleur cataplasme émollient, pourvu qu'elle soit très-fraîche (1). |
| Liliacées....... | LIS BLANC. ........... (*Lilium candidum.*) | Sépales....... | Vuln., arom... | Infusion dans l'eau-de-vie. |

(1) Comme la farine de lin s'échauffe sur place et laisse un dépôt plus ou moins âcre sur le lieu d'application, il convient de le laver de temps en temps avec de l'eau tiède ou de l'huile tiède. C'est le moyen d'éviter ces boutons qui accompagnent si souvent l'usage prolongé des cataplasmes de farine de lin, surtout lorsqu'on y emploie de la farine trop vieille, ce que l'on peut reconnaître à l'odeur un peu rance, à l'aspect plus jaune, plus grenu et souvent pelotonné.

| FAMILLES. | NOMS DES PLANTES. | PARTIES EMPLOYÉES. | PROPRIÉTÉS. | USAGES. |
|---|---|---|---|---|
| Liliacées........ | LIS BLANC............ | Bulbe......... | Emol......... | L'oignon cuit fait un excellent cataplasme maturatif. |
| Labiées......... | MARJOLAINE.......... (*Origanum majoranoides*) | Feuilles et fleurs | Arom., vuln... | |
| Idem......... | MARRUBE........... (*Marrubium vulgare.*) | Sommités fleuries......... | Vuln., arom... | Infusion. |
| Radiées........ | MATRICAIRE........... (*Matricaria parthenium.*) | Feuilles et fleurs | Fébr., verm... | Infusion. |
| Malvacées...... | MAUVE............. (*Malva sylvestris.*) | Feuilles....... | Emol......... | Cataplasmes. |
| Idem......... | Idem............. | Fleurs........ | Pect.... ... . | Infusion. |
| Légumineuses... | MÉLILOT........... (*Melilotus cœrulea.*) | Feuilles et fleurs | Vuln., arom... | |
| Labiées......... | MÉLISSE........... (*Melissa officinalis.*) | Feuilles....... | Arom., vuln., stom...... | Infusion. Eau distillée. |
| Cucurbitacées... | MELON........... (*Melo.*) | Graines....... | Adouc........ | Émulsion. |
| Labiées......... | MENTHE........... (*Mentha piperita.*) | Feuilles....... | Arom., vuln., stom...... | Infusion. Eau distillée. |

| FAMILLES. | NOMS DES PLANTES. | PARTIES EMPLOYÉES. | PROPRIÉTÉS. | USAGES. |
|---|---|---|---|---|
| Millepertuis..... | * MILLEPERTUIS PERFORÉ... (*Hypericum perforatum.*) | Feuilles et fleurs | Pect., vuln.... | Infusion dans l'eau pour tisane. Macération dans l'huile pour les brûlures. |
| Idem......... | * MILLEPERTUIS ANDROSÈME. (*Hypericum androsœmum.*) | Feuilles vertes. | Vuln......... | S'appliquent sur les clous et maux d'aventure pour les faire aboutir. On recouvre ces feuilles d'un cataplasme émollient. |
| Solanées...... | MORELLE DOUCE-AMÈRE... (*Solanum dulcamara.*) | Toute la plante. | Dép., antiscorb. | Infusion. |
| Algues.......... | MOUSSE DE CORSE. .. ... (*Fucus helminthocorton.*) | Toute la plante. | Verm......... | Infusion avec du lait sucré. |
| Crucifères...... | MOUTARDE............. (*Sinapis nigra.*) | Graine en farine | Rub.......... | Sinapismes. Bains de pieds. |
| Crucifères...... | MOUTARDE BLANCHE...... (*Sinapis alba.*) | Graine........ | Stom., lax.... | On l'administre en grain sans la piler, à la dose d'une ou deux cuillerées à café par jour, une heure au moins avant les repas. |
| Myrtées........ | * MYRTE................. (*Myrtus communis.*) | Feuilles et fleurs | Arom., vuln... | |
| Crucifères...... | NAVET............... (*Brassica napus.*) | Racine....... | Pect., antiscorb. | En bouillon comme la carotte et le chou rouge. |

(1) Les *Ceramium, Diatoma, Gigartina,* etc., jouissent des mêmes propriétés vermifuges, ainsi que les *Corallines,* rangées parmi les Zoophytes.

| FAMILLES. | NOMS DES PLANTES. | PARTIES EMPLOYÉES. | PROPRIÉTÉS. | USAGES. |
|---|---|---|---|---|
| Jasminées....... | OLIVIER.......... (*Olea europœa.*) | Fruit.......... | Lax., adouc., émol....... | L'huile contribue à l'efficacité d'un grand nombre de remèdes internes et externes. |
| Joubarbes....... | OMBILIC.......... (*Cotyledon umbilicus.*) | Feuilles....... | Emol., résol.... | On enlève la pellicule du dessous des feuilles, puis on les applique sur les clous et les maux d'aventure pour les faire aboutir. |
| Aurantiacées.... | ORANGER.......... (*Citrus aurantium.*) | Feuilles....... | Antispasm.... | Infusion. |
| Idem........ | Idem........ | Fleurs....... | Idem........ | Infusion. Eau distillée. Conserves. |
| Idem........ | Idem........ | Fruit......... | Lax., rafr..... | Cru et en limonade. Lorsqu'on conserve la peau de l'orange, cette boisson est par son amertume bon fébrifuge. |
| Graminées...... | ORGE.......... (*Hordeum vulgare.*) | Graine....... | Adouc., rafr . | Quand on n'a pas d'orge mondée, on la fait bouillir deux fois, jetant la première eau. En mêlant un peu de graine de lin à l'orge, la tisane devient mucilagineuse, laxative et un peu diurétique. |
| Labiées........ | ORIGAN.......... (*Origanum vulgare.*) | Feuilles et fleurs | Arom., vuln... | |

| FAMILLES. | NOMS DES PLANTES. | PARTIES EMPLOYÉES. | PROPRIÉTÉS. | USAGES. |
| --- | --- | --- | --- | --- |
| Amentacées..... | Orme pyramidal........ (*Ulmus campestris.*) | Seconde écorce ou liber..... | Antidart., dép. | Décoction. Infusion. |
| Joubarbes....... | Orpin............ (*Sedum telephium.*) | Feuilles........ | Vuln......... | On l'écrase et on l'applique immédiatement sur les coupures ou blessures récentes. |
| Urticées......... | Ortie brûlante, dioïque. (*Urtica urens, dioïca.*) | Tige et feuilles. | Rubéf........ | S'emploie dans les menaces de paralysie, pour exciter les membres engourdis ; on y pose doucement l'ortie à plusieurs reprises. |
| Idem......... | Idem (1)............. | Feuilles des jeunes plantes.. | Astr.......... | Suc exprimé, mélangé en parties égales avec du vin, de l'huile et du sucre, à dose de deux cuillerées dans les dyssenteries. |
| Polygonées..... | Oseille........... | Feuilles....... | Rafr......... | Infusion. Suc exprimé. |
| Urticées........ | Pariétaire............ (*Parietaria officinalis.*) | Toute la plante. | Apér......... | Cuite, en cataplasmes. |
| Idem......... | Idem............. | Feuilles........ | Idem......... | Infusion pour tisane. |
| Polygonées..... | Patience........... (*Rumex patientia.*) | Ecorce de la racine........ | Dép.,antiscorb. | Infusion et décoction. |
| Papavéracées.... | Pavot............ .... (*Papaver somniferum.*) | Capsules...... | Calm. sopor... | Infusion ou décoction *légère.* |

(1) Pour ce second usage, ce n'est qu'à défaut de l'ortie dioïque que l'on emploie l'ortie brûlante.

| FAMILLES. | NOMS DES PLANTES. | PARTIES EMPLOYÉES. | PROPRIÉTÉS. | USAGES. |
|---|---|---|---|---|
| Rosacées......... | PÊCHER............... (*Amygdalus persica.*) | Feuilles et fleurs | Purg., verm... | Infusion. |
| Violariées....... | PENSÉE............... (*Viola tricolor.*) | Toute la plante. | Dépur., anti-scorb....... | Infusion excellente dans la gourme des enfants. |
| Ombellifères..... | PERSIL............... (*Petroselinum sativum.*) | Feuilles...... | Vuln........ | Dans les contusions, pilées avec du sel et appliquées de suite. |
| Conifères....... | PINS SYLVESTRE, MARITI-ME, etc............... (*Pinus sylvestris, mari-tima.*) | Résine........ | Vuln........ | S'emploie dans plusieurs on-guents et pour arrêter les hémor-ragies. |
| Idem......... | Idem............... | Térébenthine.. | Vuln., rub.... | *Idem* et en emplâtre rubé-fiant. |
| Semi-flosculeuses. | PISSENLIT............... (*Taraxacum dens-leonis.*) | Feuilles..... | Rafr., diur., an-tiscorb..... | Infusion. Suc exprimé. |
| Rosacées........ | POMMIER DE REINETTE.... (*Malus prasomila.*) | Fruit........ | Lax........ | Cuit. Décoction de pomme cou-pée. |
| Idem......... | Idem............... | Idem....... | Pect........ | Sirop. Gelée et sucre de pomme. |
| Solanées........ | POMME DE TERRE........ (*Solanum tuberosum.*) | Tubercules.. | Vuln........ | Râpés crus, s'appliquent sur les brûlures récentes. |
| Primulacées..... | PRIMEVÈRE............... (*Primula veris.*) | Fleurs........ | Pect........ | Infusion très-agréable avec du lait. |

| FAMILLES. | NOMS DES PLANTES. | PARTIES EMPLOYÉES. | PROPRIÉTÉS. | USAGES. |
|---|---|---|---|---|
| Rosacées........ | PRUNIER............... (*Prunus domestica.*) | Fruits séchés.. | Lax......... | Décoction. |
| Borraginées.... | PULMONAIRE........... (*Pulmonaria officinalis.*) | Feuilles et racine........ | Pect.......... | Décoction pour tisane. |
| Rubiacées...... | QUINQUINA............ (*Cinchona officinalis.*) * | Ecorce........ | Fébr., antiputride....... | Infusion. Décoction pour tisane et lotion des plaies. |
| Rosacées........ | QUINTEFEUILLE POTENTILLE (*Potentilla reptans.*) | Feuilles et fleurs | Vuln......... | |
| Crucifères...... | RAIFORT.............. (*Cochlearia armoracia.*) A | Racine....... | Rubéf., antiscorb....... | Décoction pour tisane. |
| Crucifères...... | RAVE................. (*Raphanus sativus.*) | Feuilles et racine........ | Antiscorb..... | Suc des feuilles. |
| Légumineuses... | RÉGLISSE............. (*Glycyrrhiza glabra.*) | Racine....... | Adouc., lax... | S'emploie en décoction pour édulcorer et modifier les tisanes économiques. |
| Polygonées...... | RHUBARBE............ (*Rheum undulatum.*) | Racine....... | Purg., ton.... | Séchée et réduite en poudre, prise à petites doses. Décoction. |
| Graminées...... | RIZ.................. (*Oryza sativa.*) | Graine........ | Adouc., légèrement astr. | Décoction qu'on peut aromatiser suivant l'indication des causes d'une diarrhée. Cataplasmes dessiccatifs. |

| FAMILLES. | NOMS DES PLANTES. | PARTIES EMPLOYÉES. | PROPRIÉTÉS. | USAGES. |
|---|---|---|---|---|
| Labiées......... | ROMARIN.......... *(Rosmarinus officinalis.)* | Feuilles et fleurs | Arom., vuln... | |
| Rosacées........ | RONCE........... *(Rubus fruticosus.)* | Fruit........... | Astr........... | Sirop très-bon dans les maux de gorge. |
| Rosacées........ | ROSIER DE PROVINS...... *(Rosa gallica.)* | Pétales........ | Pect., astr.... | Infusion. S'emploie, ainsi que l'espèce suivante, en conserve dans les crachements de sang. |
| Idem........... | ROSIER A CENT FEUILLES.. *(Rosa centifolia.)* | Pétales........ | Astr........... | Eau distillée pour les yeux. |
| Iridées......... | SAFRAN.......... *(Crocus sativus.)* | Fleurs......... | Stom., vuln... | Infusion. |
| Labiées......... | SAUGE........... *(Salvia officinalis.)* | Feuilles....... | Arom., vuln., stom........ | Infusion. |
| Amantacées...... | SAULE........... *(Salix alba.)* | Ecorces....... | Fébr......... | Idem. |
| Radiées......... | SÉNEÇON JACOBÉE........ *(Senecio jacobœa.)* | Feuilles....... | Vuln......... | Pilées avec du sel pour topiques. |
| Idem........... | SÉNEÇON DES OISEAUX.... *(Senecio vulgaris.)* | Idem.......... | Idem......... | Idem. |

| FAMILLES. | NOMS DES PLANTES. | PARTIES EMPLOYÉES. | PROPRIÉTÉS. | USAGES. |
|---|---|---|---|---|
| Labiées........ | *SERPOLET............ (*Thymus serpyllum.*) | Toute la plante. | Arom., vuln... | |
| Rosacées....... | SPIRÉE REINE DES PRÉS... (*Spiræa ulmaria.*) | Sommités fleuries........ | Sudor........ | Infusion. |
| Radiées........ | SOUCI............. (*Calendula officinalis.*) | Pétales........ | Vuln......... | Pour brûlures et gerçures. On les fait bouillir dans du beurre très-frais dont on se sert ensuite comme onguent. |
| Caprifoliacées... | SUREAU............. (*Sambucus nigra.*) | Fleurs......... | Sudor......... | Infusion pour tisane. Décoction pour lotions dans les érésypèles. |
| Flosculeuses.... | TANAISIE............. (*Tanacetum vulgare.*) | Feuilles....... | Fébr., verm... | Infusion coupée avec du lait. |
| Aurantiacées.... | THÉ.............. (*Thea viridis.*) | Feuilles....... | Stom., vuln... | Infusion excellente dans l'invasion du choléra. On ajoute à cette infusion un peu d'eau-de-vie ou d'eau distillée de menthe. |
| Labiées........ | *THYM............. (*Thymus vulgaris.*) | Tiges et feuilles | Arom., vuln., stom........ | Infusion *légère.* |
| Tiliacées....... | TILLEUL............. (*Tilia europæa.*) | Stipules et fleurs | Stom., antispasm...... | Infusion. |

| FAMILLES. | NOMS DES PLANTES. | PARTIES EMPLOYÉES. | PROPRIÉTÉS. | USAGES. |
|---|---|---|---|---|
| Légumineuses... | * TRÈFLE MUSQUÉ OU LOTIER ODORANT............ (*Melilotus officinalis.*) | Feuilles et fleurs | Arom., stom., vuln........ | Excellent en infusion pour tisane et décoction pour lotion contre les érésypèles. |
| Flosculeuses.... | TUSSILAGE PAS-D'ANE..... (*Tussilago farfara.*) | Racine........ | Muc......... | Décoction légère. Usage analogue à celui de la racine de guimauve. |
| Valérianées...... | VALÉRIANE............ (*Valeriana officinalis.*) | Feuilles sèches. | Antispasm.... | Infusion. Ou pulvériser les feuilles sèches et prendre en petites doses. |
| Algues.......... | VARECS............. (*Fucus.*) | Toute la plante. | Antidartreux, antiscorb.. | S'emploie en décoction pour bains fortifiants, antidartreux et antiscorbutiques. |
| Pédiculaires.... | * VÉRONIQUE OFFICINALE... (*Veronica officinalis.*) | Toute la plante. | Pect., vuln.... | Particulièrement employée contre l'asthme. |
| Idem......... | A VÉRONIQUE BECCABUNGA.. (*Veronica beccabunga.*) | Idem......... | Antiscorb..... | Suc exprimé. |
| Gattiliers........ | VERVEINE.......... (*Verbena officinalis.*) | Toute la plante. | Vuln......... | Pilée avec du sel pour topique. |
| Violariées........ | VIOLETTE............. (*Viola odorata.*) | Fleurs........ | Pect......... | Infusion. Sirop. Conserve. |

# TERMES DE BOTANIQUE (1).

**Absorption** (L. de *absorbere*, boire, engloutir). Introduction des gaz ou sucs nourriciers par les pores du végétal.

**Acaule** (Gr. de *a* privatif, et *caulos*, tige). Plante qui n'a pas de tige manifeste et dont les feuilles sont ramassées près de la terre.

**Accrescent** (L. de *ad*, à, après, et *crescere*, croître. Organe tel que le calice et le style, s'accroissant d'une manière extraordinaire, ou croissant encore après avoir rempli ses fonctions.

**Acéphale** (Gr. de *a* priv., et *céphalé*, tête). On nomme ainsi l'ovaire quand il n'est pas terminé par un style.

**Acotylédoné** (Gr. de *a* priv., et *cotylédon*, cavité). 74

**Adhérent** (L. de *ad*, à, avec, et *hærere*, être attaché). Nom donné à un organe qui se soude avec un autre. Quand le calice est soudé avec l'ovaire, on les dit l'un et l'autre adhérents.

**Adventif** (L. de *ad*, dans, sur, et *venire*, venir). Qui se développe dans une partie ou sur un organe où sa position n'est pas ordinaire ni naturelle.

**Agrégé** (*agregatus*). Se dit des parties qui, naissant distinctes sur un réceptacle commun, peuvent se réunir et contracter des adhérences : tels sont les fleurs et les fruits.

**Aigrette** (*lanugo*). Assemblage de filaments de forme et de structure variées, qui couronnent les fruits et les graines des fleurs composées.

**Aiguillon** (L. de *aculeus*, dard, piquant). 38

**Ailé** (*alatus*). Muni d'ailes, synonyme de *penné*. 35

**Aisselle** (*axilla*). Angle situé au-dessus du point d'attache d'une feuille ou d'un rameau avec la partie supérieure de la tige.

**Akène** ou **Achaine** (Gr. de *a* priv., et *kainô*, je m'ouvre). 51

**Alterne** (*alternatus*). 36

**Amplexicaule** (L. de *amplexare*, embrasser, et *caulis*, tige.) 36

**Anomal** (Gr. de *a* priv., et *omalos*, régulier, égal). Terme qui désigne les plantes ou fleurs qui ne peuvent se rapporter à aucune de celles dont la forme est déterminée.

**Anthère** (Gr. de *anthéros*, fleuri). 40

**Anthèse** (Gr. de *anthéô*, je fleuris). 67

**Apétale** (Gr. de *a* priv., et *pétalon*, pétale, feuille). 41

**Aphylle** (Gr. de *a* priv., et *phullon*, feuille). Dépourvu de feuilles.

**Appendice** (L. de *ad*, à, et *pen-*

---

(1) Dans ce vocabulaire, les mots français sont suivis de leur traduction latine littérale ou du radical dont ils tirent leur origine. Les abréviations Gr. et L. désignent les étymologies grecques ou latines. Dans les composés grecs, *a* et *an* au commencement des mots indiquent privatif ou négatif. Les termes portés sans leur signification sont expliqués aux pages indiquées à la suite de chacun.

*dere*, être suspendu, pendre). Partie additionnelle fixée à un organe quelconque.

**Arête** (*arista*). Production mince, dure, pointue, que l'on aperçoit sur différents organes de la fleur, comme la barbe du *Seigle*, de *l'Orge*, etc.

**Arête** (*acies*) est l'intersection de deux plans ; c'est dans ce sens que la tige, les fruits, les graines peuvent avoir des arêtes.

**Arille** (*arillus*).     55

**Article** (*articulus*, dim. d'*artus*, membre). On nomme ainsi l'intervalle qui existe entre deux articulations.

**Articulation** (*articulatio*). Place du tissu végétal où deux parties, réunies d'abord, se coupent et se séparent d'elles-mêmes, à une époque déterminée de leur vie, comme les points d'attache des feuilles articulées. On appelle encore *articulation* des gonflements et étranglements qui se voient sur plusieurs parties des plantes.

**Assimilation** (L. de *ad*, à, et *similare*, être semblable).     66

**Aubier** (L. de *alburnum*, bois blanc).     19

**Auricule** (L. de *auricula*, bout de l'oreille). Appendice court, latéral, arrondi comme le bout de l'oreille.

**Axe** (Gr. de *axôn*, essieu, pivot). S'applique principalement à toute la partie d'un pédoncule qui supporte les fleurs soit immédiatement, soit par l'intermédiaire de ramifications plus ou moins multipliées.

**Axillaire** (*axillaris*). Tout ce qui naît dans l'angle formé par la réunion d'une branche avec la tige, ou plutôt encore d'un pétiole avec un rameau.

**Bacciforme** (L. de *bacca*, baie, et *forma*, forme). Qui a l'apparence d'une baie.

**Baie** (*bacca*).     51

**Base** (Gr. de *basis*, appui). Point d'une partie sur lequel est ajustée une autre partie, ou extrémité inférieure d'une partie quelconque.

**Bifide** (L. de *bis*, deux fois, et *fidus*, fendu). Partagé longitudinalement au sommet par une fente qui ne va pas au delà du milieu de l'organe. Les feuilles, le calice, les pétales, le style, le stigmate, les anthères peuvent offrir cette division.

**Biflore** (L. de *bis*, deux, et *flos*, fleur). Portant ou renfermant deux fleurs.

**Bifurqué** (L. de *bis*, deux, et *furca*, fourche). Divisé en deux branches offrant l'apparence d'une fourche.

**Bilabié** (L. de *bis*, deux, et *labium*, lèvre). Calice, corolle qui présente deux principales découpures, l'une supérieure l'autre inférieure, un peu inégales et entr'ouvertes comme deux lèvres.

**Bilobé** (L. de *bis*, deux, et *lobus*, lobe). Formé de deux lobes. Les divisions d'un organe *bilobé* sont séparées par un angle obtus, et celles d'un organe bifide, par un angle aigu.

**Biloculaire** (L. de *bis*, deux, et *loculamentum*, loge). Divisé dans son intérieur par deux cavités appelées loges.

**Biovulé** (L. de *bis*, deux, et *ovulum*, ovule). Ovaire ou loge à deux ovules.

**Bipenné** (L. de *bis*, deux, et *penna*, aile).     35

**Bisexuel** (L. de *bis*, deux, et *sexus*, sexe). Synonyme d'*hermaphrodite*.     41

**Bisperme** (L. Gr. de *bis*, deux, et *sperma*, semence). Fruit à deux graines ou semences.

**Bivalve** (L. de *bis*, deux, et *valva*, panneau). A deux valves.

**Botanique** (Gr. de *Botané*, herbe).     1

**Bouquet** (*fasciculus*). Les fleurs ont cette disposition lorsque les pédoncules naissent tous au même point et ne se ramifient pas.

**Bourgeon** (*gemma*).     27

**Bractée** (*bractea*).     37

**Bractéole** (*bracteola*, petite bractée). Bractées les plus intérieures et les plus petites, lorsque dans un amas de fleurs il existe plusieurs rangées de ces organes.

**Brou** (*naucum*). Enveloppe verte ou sarcocarpe coriace de certains fruits, tels que ceux du *Noyer* et de l'*Amandier*.

**Bulbe** (L. de *bulbus*, racine ronde). 29

**Bulbille** (*bulbillus*). 29

**Caduc** (L. de *cadere*, tomber). Se dit d'un organe quelconque qui ne persiste pas, ou qui tombe plus tôt que les autres organes de même nature.

**Calice** (L. de *calix*, gobelet). 40

**Calicule** (L. de *caliculus*, petit calice). Calice accessoire ou calice très-petit, placé en dehors du vrai calice, comme dans beaucoup de *Malvacées*.

**Cambium** (L. de *cambium*, changement). 22

**Campanulé** (L. de *campanula*, clochette). 43

**Canal médullaire** (L. de *canalis*, conduit, et *medulla*, moelle). 18

**Capillaire** (L. de *capillaris*, semblable à des cheveux). Qui a la forme d'un cheveu plus ou moins fin. Se dit d'un axe, d'une feuille très-déliée et très-flexible comme celle des *Asperges*.

**Capitule** (L. de *capitulum*, petite tête). 47

**Capsulaire** (*capsularis*). Qui a de l'analogie avec la capsule.

**Capsule** (L. de *capsula*, petite cassette). 51

**Caractère** (Gr. de *caracter*, empreinte). Signe propre à un objet, servant à la faire reconnaître et à le distinguer des autres.

**Carène** (L. de *carina*, quille de vaisseau). Partie inférieure de la corolle des papilionacées formée de deux pétales libres ou soudés imitant la carène d'un vaisseau.

**Cariopse** (Gr. de *caré*, tête, et *opsis*, figure). 51

**Carpelle** (*carpellum*). On donne ce nom à chacun des fruits ou des pistils partiels provenant d'une seule fleur.

**Caulinaire** (*caulinaris*). Qui appartient à la tige, qui naît sur la tige.

**Cellulaire** (*cellularis*). Composé de tissu cellulaire.

**Cellule** (L. de *cellula*, petite chambre). 5

**Chalaze** (Gr. de *chalaza*, grêle). 54

**Chaton** (*catulus*). 46

**Chaume** (*culmus*). 16

**Cilié** (*ciliatus*). Bordé de divisions filiformes semblables aux cils.

**Classification** (*classificatio*). Distribution méthodique des végétaux en différents groupes auxquels on a donné les noms de *classes, familles, genres, espèces*.

**Cloison** (L. de *claudere*, fermer). Lame ordinairement membraneuse et verticale, qui divise la cavité du péricarpe.

**Collet** (L. de *collum*, cou). 11

**Complet** (*completus*). Muni de toutes ses parties, quelquefois synonyme d'*entier*. Se dit de l'arille quand elle recouvre la graine en totalité, comme dans les *Oxalis*; des cloisons lorsqu'elles divisent entièrement la cavité du péricarpe en plusieurs loges, comme dans les *Crucifères*; d'une fleur quand elle a un calice, une corolle, des étamines et un pistil.

**Composé** (*compositus*). Formé de plusieurs parties réunies, dont l'ensemble constitue une partie quelconque, un organe, un mode d'inflorescence, etc., qui paraissent simples au premier coup d'œil.

**Conceptacle** (*conceptaculum*). Mot qui s'emploie pour indiquer d'une manière générale les cavités qui contiennent les sporules des champignons et de la plupart des cryptogames.

**Cône** (*conus*), synonyme de *strobile*. 46-52

**Conné** (*connatus*). Se dit en général des parties homogènes soudées entre elles.

**Corolle** (L. de *corolla*, petite couronne). 40

**Cortical** (L. de *cortex*, écorce). Qui adhère ou qui appartient à l'écorce.

**Corymbe** (Gr. de *corymbos*, cime, sommet). 47

**Cotylédon** (Gr. de *cotylédon*, cavité, écuelle). On appelle ainsi les feuilles produites par les lobes des graines, ou les lobes eux-mêmes, abstraction faite des rudiments de la racine et de la tige.

**Crénelé** (*crenatus*). Découpé sur les bords en dents arrondies.

**Cruciforme** (L. de *crux*, croix, et *forma*, forme). 45

**Cryptogame** (Gr. de *cryptos*, caché, et *gamos*, union, soudure). 75

**Cupule** (*cupula*). Assemblage de bractées écailleuses, ou foliacées persistantes, serrées autour de la fleur et qui entourent la base du fruit, comme dans le gland, ou l'enveloppent en totalité, comme dans la noisette.

**Décomposé** (*Decompositus*). 55

**Déhiscent** (L. de *dehiscere*, s'ouvrir). 50

**Denté** (L. de *dens*, dent). 34

**Déprimé** (L. de *deprimere*, abaisser, enfoncer), expression qui s'emploie pour désigner les organes dont la coupe transversale est plus large que la coupe longitudinale.

**Diaphragme** (Gr. de *dia*, entre, parmi, et *phrassô*, je ferme). Mot qui sert à désigner les cloisons transversales, ou le plan perpendiculaire qui sépare en deux ou en plusieurs loges une silique, une silicule, ou tout autre fruit capsulaire.

**Dicline** (Gr. de *dis*, deux, et *clinê*, lit, réceptacle). 170

**Dicotylédoné** (Gr. de *dis*, deux, et *cotylédon*, cavité). 74

**Didyname** (Gr. de *dis*, deux, et *dynamis*, puissance). Les étamines sont dites didynames quand, étant au nombre de quatre dans une corolle, elles sont disposées en deux paires, dont l'une est plus grande que l'autre, comme dans les *Labiées*.

**Digité** (L. de *digitus*, doigt). Divisé en lobes, que l'on compare à des doigts. — Souvent synonyme de *palmé*.

**Dilaté** (L. de *dilatare*, élargir, étendre). S'emploie pour désigner une partie quelconque, qui s'élargit en lame de la base vers le sommet.

**Dioïque** (Gr. de *dis*, deux, *oikia*, maison). 42

**Disperme** (Gr. de *dis*, deux, et *sperma*, graine). Terme par lequel on désigne un ovaire, un fruit, ou une loge, quand ils ne renferment que deux graines.

**Disque** (Gr. de *discos*, disque, palet). Mot employé en plusieurs acceptions. — Partie de la surface d'une feuille qui est située entre ses bords. — Toute la surface qu'occupent les fleurons, et sur le bord de laquelle sont placés les demi-fleurons dans une fleur composée. — Forme sphérique que présente la portion centrale de l'ensemble des fleurs en ombelle. — Partie glanduleuse que l'on voit au fond de certaines fleurs.

**Dissémination** (*disseminatio*). Acte par lequel les graines sont naturellement dispersées à la surface de la terre, à l'époque de leur maturité.

**Distinct** (*distinctus*). Qui n'a aucune adhérence avec les organes voisins.

**Distique** (Gr. de *dis*, deux, et *stichos*, rangée). 36

**Divisé** (*divisus*). 34

**Drupe** (*drupa*). 51

**Écaille** (*squama*). Petite production membraneuse, souvent sèche, quelquefois colorée, qui recouvre certaines parties des plantes.

**Écorce** (*cortex*). 49

**Embryon** (Gr. de *en*, dans, et *breô*, je pousse). Corps organisé que renferme l'amande de toute graine fécondée. On y distingue deux parties : 1º le *blastème*, qui comprend la radicule, la plumule et le collet; 2º le *corps cotylédonaire* ou les cotylédons.

**Endocarpe** (G. de *endon*, dedans, et *carpos*, fruit). 49

**Endosperme** (Gr. de *endon*, dedans, et *sperma*, graine). 53

**Engaînant** (L. de *in*, dans, et *vagina*, gaîne, étui). 36

**Entier** (*integer*). 34

**Éperon** (*calcar*), sorte de corne ou

de prolongement tubuleux qui se dirige du côté du pédicule, et qui est une forte bosselure, ordinairement creuse de l'un des téguments floraux.

**Epi** (*spica*)  46

**Epicarpe** (Gr. de *épi*, sur, et *carpos*, fruit).  48

**Epicorollie** (Gr. L. de *épi*, sur, et *corolla*, petite couronne).  126-151

**Epiderme** (Gr. de *épi*, sur, et *derma*, peau).  9

**Epigyne** (Gr. de *épi*, sur, et *gyné*, organe femelle ou pistil.)  74

**Epipétalie** (Gr. de *épi*, sur, et *petalon*, pétale).  135

**Epiphylle** (Gr. de *épi*, sur, et *phullon*, feuille). Toutes les parties des plantes qui naissent ou qui sont insérées sur les feuilles.

**Episperme** (Gr. de *épi*, sur, et *sperma*, graine).  53

**Epistamine** (Gr. de *épi*, sur, et *stémôn*, fil).  101

**Etamine** (Gr. de *stémôn*, fil, filament).  40

**Etendard** (*vexillum*). Pétale supérieur de la corolle papilionacée.

**Exotique** (Gr. de *exóticos*, de dehors, étranger). Se dit des plantes étrangères au pays que l'on habite.

**Fasciculé** (L. de *fasciculus*, faisceau). Réuni en faisceau. Naissant plusieurs au même point.

**Feuille** (*folium*).  50

**Fibre** (*fibra*).  7

**Filet** (*filamentum*).  40

**Fimbrié** (L. de *fimbria*, frange). Bordé de divisions pointues, serrées et allongées. Se dit des *pétales*, des *aigrettes*, etc.

**Fleur** (*flos*).  59

**Foliacé** (*foliaceus*). De la nature ou de la consistance des feuilles ordinaires.

**Follicule** (L. de *folliculus*, petit ballon).  50

**Fruit** (*fructus*).  48

**Funicule** (L. de *funiculus*, petite corde).  53

**Fusiforme** (L. de *fusus*, fuseau, et *forma*, forme).  43

**Gaîne** (*vagina*). Partie inférieure d'une feuille engaînante, c'est-à-dire formant un étui autour de la tige.

**Géminé** (L. de *geminus*, jumeau). Se dit des parties rapprochées deux à deux, comme les *feuilles*, les *fleurs*, les *stipules*, etc.

**Gemmule** (L. de *Gemmula*. dim. de bourgeon) 1er bourgeon d'une plante.

**Germination** (L. de *germen*, germe, et *nasci*, naître).  60

**Glabre** (L. de *glaber*, sans poils). Sans aspérités, sans poils.

**Glande** (*glandula*).  44

**Glauque** (Gr. de *glaucos*, vert de mer). D'un vert bleu ou blanchâtre et comme pulvérulent, tel que celui de la surface inférieure des feuilles de *Framboisier*.

**Graine** (*granum*, *semen*).  52

**Grappe** (*racemosus*).  46

**Greffe** (Gr. de *graphô*, j'écris).  57

**Grêle** (*gracilis*). Effilé. Trop délié et trop long pour sa grosseur.

**Hampe** (L. de *ames*, perche).  18

**Hile** (L. de *hilum*, petit point noir au bout de la fève de marais).  54

**Hybride** (L. de *hybrida*, de deux espèces différentes). Plante qui ne se reproduit pas, et qui s'observe souvent parmi les variétés, rarement dans les espèces.

**Hypocratériforme** (Gr. L. de *hypo*, sous, *crater*, coupe, et *forma*, forme).  43

**Hypocorollie** (Gr. L. de *hypo*, sous, et *corolla*, petite couronne).  110

**Hypogyne** (Gr. de *hypo*, sous, et *gyné*, pistil).  74

**Hypopétalie** (Gr. de *hypo*, sous, et *petalon*, pétale).  138

**Hypostaminie** (Gr. de *hypo*, sous, et *stémôn*, étamine).  107

**Imbriqué** (*imbricatus*). Parties qui se recouvrent les unes les autres comme les tuiles d'un toit ou comme les écailles des poissons.

**Indéhiscent** (L. de *in*, nég., et *dehiscere*, s'ouvrir).  50

**Infère** (*inferus*). Organe placé au-dessous d'un autre ; ainsi l'*ovaire* est

19

*infère* lorsque le périgone ou le calice est soudé avec lui par sa base, en sorte que son limbe semble naître de dessus l'ovaire.

**Infléchi** (L. de *in*, dans, et *flexus*, plié, courbé). Fléchi en dedans. Opposé de *réfléchi*.

**Inflorescence** (L. de *in*, sur, et *florescere*, fleurir). 45

**Infundibuliforme** (L. de *infundibulum*, entonnoir, et *forma*, forme). 43

**Insertion** (*insertio*). Manière dont les organes des végétaux sont attachés ou fixés les uns sur les autres. Les *feuilles* sont *insérées* sur la tige, les *étamines* dans la fleur, etc.

**Involucre** (L. de *involucrum*, enveloppe). 37

**Jardin** (*hortus*). Lieu où l'on cultive des végétaux, soit pour les besoins, soit pour l'agrément. On appelle *jardin botanique* celui où l'on rassemble avec ordre et méthode un choix de plantes des différentes espèces, afin de pouvoir en étudier les caractères et les rapports.

**Jet** (*stolo*). Branche ou tige secondaire poussant du collet de la racine hors de terre. On donne aussi le nom de *jet* à la dernière pousse d'un arbre ou à l'allongement d'un bourgeon.

**Labelle** (L. de *labellum*, petite lèvre). Division inférieure et irrégulière du calice des *Orchidées*.

**Labié** (L. de *labiatus*, en forme de lèvre). 43

**Lacinié** (L. de *laciniatus*, déchiqueté). Découpé inégalement en lanières allongées, plus ou moins étroites et irrégulières.

**Lacticifère** (L. de *latex*, liquide, et *ferre*, porter). 8

**Laineux** (*lanuginosus*). Recouvert d'un duvet analogue à la laine des animaux.

**Lame** (*lamina*). 40

**Lancéolé** (L. de *lanceolatus*, en forme de petite lance). Oblong, arrondi à la base et rétréci en pointe au sommet, comme un fer de lance.

**Latéral** (L. de *lateralis*, de côté). Se dit de toutes les parties d'une plante, *feuilles*, *stipules*, etc., qui sont insérées sur les côtés de la tige, du rameau ou de tout autre organe qui les supporte.

**Latex** (L. de *latex*, liquide). 8

**Légume** (*legumen*) syn. de *gousse*. 50

**Liber** (L. de *liber*, livret). 49

**Libre** (*liber*). Une partie quelconque est *libre* quand elle n'adhère à aucune autre, si ce n'est par son point d'insertion. Se dit particulièrement de l'ovaire non soudé avec le calice.

**Ligneux** (L. de *lignum*, bois). De la nature et de la consistance du bois.

**Ligule** (L. de *ligula*, lanière). Petite lamelle membraneuse que l'on voit au haut de la graine d'un grand nombre de *Graminées*. *Ligule* est quelquefois synonyme de *languette*.

**Ligulé** (*ligulatus*). 43

**Limbe** (L. de *limbus*, bande). 40

**Linéaire** (de *linea*, fil, ligne). Étroit, à bords parallèles dans toute la longueur, et souvent obtus au sommet comme la feuille de l'*If commun*.

**Lisse** (*levigatus*). A surface trèsunie, ne présentant ni poils ni aspérités.

**Lobe** (Gr. de *lobos*, bout de l'oreille). Division arrondie d'un organe membraneux, séparée des autres divisions par un sinus plus ou moins ouvert.

**Loge** (L. de *loculamentum*, case, compartiment). Cavité simple ou multiple que présentent l'*anthère*, l'*ovaire* et le *péricarpe*.

**Longitudinal** (*longitudinalis*). En botanique on dit d'une partie qu'elle est longitudinale quand elle se dirige de la base au sommet, parallèlement à l'axe de l'organe auquel elle appartient.

**Maculé** (L. de *maculatus*, tacheté). Présentant à sa surface des taches de couleur différente du fond sur lequel elles sont placées, comme les feuilles de l'*Arum maculé*.

**Marcescent** (L. de *marcescens*, qui se fane, se flétrit). Se dit des *feuilles*, de la *corolle*, du *calice*, lorsque ces organes se dessèchent sans tomber, après l'accomplissement de leurs fonctions.

**Maturation** (*maturatio*). 69

**Maturité** (*maturitas*). État où parviennent les fruits et les graines quand ils ont atteint leur entier développement.

**Méat** (L. de *meatus*, passage, voie, canal). 6

**Médulleux** (*medullosus*). Rempli de moelle.

**Mélonide** (Gr. de *mélon*, pomme, et *eidos*, forme). 51

**Membrane** (*membrana*). Organe plane et mince qui sert ordinairement d'enveloppe à d'autres parties.

**Mésocarpe** (Gr. de *mésos*, milieu, et *carpos*, fruit). Synonyme de *sarcocarpe*. 51

**Méthode** (Gr. de *meta*, par, dans, et *odos*, voie, chemin). Arrangement régulier qui constitue une classification fondée sur les caractères fournis par tous les organes des plantes. On nomme *méthode naturelle* une classification fondée sur les rapports réels des végétaux, sous le point de vue de leur ressemblance d'organisation naturelle : telle est la méthode de *Jussieu*. — *Méthode artificielle* ou *système*, celle qui est fondée sur un petit nombre de caractères ordinairement tirés d'un même organe : tels sont les systèmes de *Linné* et de *Tournefort*. — *Méthode analytique*, celle où l'on passe du plus composé au plus simple : telle est la méthode analytique de *Lamarck*, qui partage d'abord tout le règne végétal en deux grandes divisions, lesquelles offrent une suite de bifurcations successives, qui finissent par mener au nom de la plante que l'on cherche.

**Micropyle** (Gr. de *micros*, petite, et *pylé*, porte). 54

**Mixte** (L. de *mixtus*, mêlé). 28-41

**Moelle** (*medulla*). 18

**Monadelphe** (Gr. de *monos*, un, seul, et *adelphos*, frère). Dont les étamines sont réunies par leurs filets en un seul faisceau.

**Moniliforme** (Gr. L. de *monos*, seul, et *forma*, forme). 8

**Monoaxifère** (Gr. de *monos*, seul, et *axôn*, axe). On appelle ainsi les inflorescences à un seul axe.

**Monocotylédoné** (Gr. de *monos*, seul, et *cotylédôn*, cavité). 74

**Monoépigynie** (Gr. de *monos*, seul, *épi*, sur, et *gyné*, organe femelle ou pistil). 94

**Monohypogynie** (Gr. de *monos*, seul, *hypo*, sous, et *gyné*, pistil). 82

**Monoïque** (Gr. de *monos*, seul, et *oikia*, maison, habitation). 42

**Monopérigynie** (Gr. de *monos*, seul, *péri*, autour, et *gyné*, pistil). 88

**Monopétale** (Gr. de *monos*, seul, et *pétalon*, pétale, feuille). 40

**Monophylle** (Gr. de *monos*, seul, et *phullon*, feuille). Synonyme de *monosépale*. S'applique à quelques organes autres que le calice.

**Monosperme** (Gr. de *monos*, seul, et *sperma*, semence). Tout fruit qui ne renferme qu'une seule graine est dit *monosperme*.

**Mucroné** (L. de *mucro*, pointe). Se dit d'une partie qui se termine par une pointe isolée et distincte, comme les feuilles de l'*Amarante blète*.

**Multiaxifère** (L. de *multum*, plusieurs, et *axis*, axe). Qui a plusieurs axes.

**Multifide** (L. de *multum*, plusieurs fois, et *fidus*, fendu). Se dit des parties qui sont fendues à peu près jusqu'à leur moitié, en lanières étroites; tels sont le *style de la Mauve*, les *vrilles du Cobea*, etc.

**Multiflore** (L. de *multum*, beaucoup, et *flos*, fleur). Qui porte un grand nombre de fleurs.

**Muriqué** (L. de *murex*, machine hérissée de pointes). Désigne les organes qui sont garnis de pointes courtes à large base.

**Nectaire** (Gr. de *nectaros*, nectar). 44

**Nervure** (Gr. de *neuron*, nerf, nervure). Partie filamenteuse qui s'élève sur les feuilles et les pétales.

**Neutre** (L. de *neuter*, ni l'un ni l'autre). 42

**Noix** (*Nux*). 51

**Noueux** (L. de *nodus*, nœud). 13

**Nucelle** (*nucleus*). Synonyme d'a-*mande*. 53

**Nucule** (L. de *nucula*, petite noix). Noyau des drupes polyspermes.

**Nu** (*nudus*). Se dit d'un organe quelconque privé des appendices qui l'accompagnent ordinairement.

**Nutrition** (L. de *nutrire*, nourrir).

**Œil** (*oculus*). 28

**Ombelle** (L. de *umbella*, parasol). 47

**Onglet** (L. de *unguiculus*, petit ongle). 40

**Onguiculé** (*unguiculatus*). Muni d'un onglet.

**Opercule** (L. de *operculum*, couvercle). Sorte de petit couvercle qui ferme les urnes des *Mousses* et recouvre les orifices de quelques graines.

**Opposé** (L. de *ob*, devant, et *ponere*, placer). 36

**Organe** (Gr. de *organon*, organe, instrument). On entend par *organes* les parties élémentaires dont l'ensemble constitue un végétal, et dont les fonctions entretiennent sa vie et perpétuent son espèce.

**Ostiole** ( L. de *ostiolum*, petite porte). Petite ouverture que l'on observe à la surface de la fronde des *Algues*.

**Ovaire** (L. de *ovum*, œuf). 59

**Ovoïde** (L. Gr. de *ovum*, œuf, et *eidos*, forme). En forme d'œuf.

**Ovule** (L. de *ovulum*, petit œuf). 59

**Paillette** (L. de *palea*, paille). Petite feuille mince et écailleuse qui enveloppe la base d'une fleur, en partie ou en totalité.

**Palmé** (L. de *palmatus*, en forme de palme). 34

**Palminerve** (L. de *palma*, palme, et *nervus*, nerf, nervure). 34

**Panicule** (*panicula*). 47

**Papilionacé** (L. de *papilio*, papillon). 43

**Parasite** (Gr. de *para*, auprès, et *sitos*, nourriture). Se dit d'une plante qui végète sur une autre aux dépens de laquelle elle se nourrit.

**Parenchyme** (Gr. de *parenchyma*, effusion). 9

**Paripenné** (L. de *par*, pareil, et *penna*, aile). 35

**Pédicelle** (L. de *pedicellus*, très-petit pied). 45

**Pédicule** (L. de *pediculus*, petit pied). Support de divers organes, comme le chapeau des *Champignons*, certaines *aigrettes*, etc.

**Pédoncule** (*pedunculus*). 44

**Penné** (L. de *pennatus*, ailé). 35

**Péponide** (Gr. de *pépon*, melon, et *eidos*, ressemblance). 51

**Perfolié** (L. de *per*, à travers, et *folium*, feuille). 36

**Périanthe** (Gr. de *péri*, autour, et *anthos*, fleur). Synonyme de *périgone*. 41

**Péricarpe** (Gr. de *péri*, autour, et *carpos*, fruit). 48

**Péricorollie** (Gr. L. de *péri*, autour, et *corolla*, petite couronne). 122

**Périgyne** (Gr. de *péri*, autour, et *gyné*, organe femelle, pistil). 74

**Péripétalie** (Gr. de *péri*, autour, et *pétalon*, feuille, pétale). 151

**Périsperme** (Gr. de *péri*, autour, et *sperma*, graine). Synonyme d'en-*dosperme*. 53

**Péristaminie** (Gr. de *péri*, autour, et *stémôn*, fil, étamine). 103

**Persistant** (*persistens*). 32

**Personné** (*personnatus*). 43

**Pétale** (Gr. de *pétalon*, feuille). 40

**Pétaloïde** (Gr. de *pétalon*, feuille, pétale, et *eidos*, forme). Se dit des parties qui ont des ressemblances plus ou moins parfaites avec les pétales, tel est le style dans l'*Iris*.

**Pétiole** ( L. de *petiolus*, petit pied). 31

**Pétiolule** (L. de *petiolulus*, très-petit pied). On donne ce nom aux ramifications du pétiole, ou aux petits supports des folioles dans les feuilles composées.

**Physiologie** (Gr. de *physis*, nature, et *logos*, discours). 2

**Pistil** (L. de *pistillum*, pilon). 39

**Pivotant** (*perpendicularis*). 12

**Placenta** (L. de *placenta*, gâteau). 49

**Pollen** (L. de *pollen*, fleur de farine). 40

**Polygame** (Gr. de *polys*, plusieurs, et *gamos*, union, soudure). 42

**Polygone** (Gr. de *polys*, plusieurs, et *gônia*, angle). S'applique aux organes qui ont plusieurs angles.

**Polypétale** (Gr. de *polys*, plusieurs, et *pétalon*, pétale). 40

**Polysperme** (Gr. de *polys*, plusieurs, et *sperma*, semence). Qui contient beaucoup de graines.

**Pubescent** (L. de *pubes*, poil). 17

**Pulpeux** (L. de *pulpa*, pulpe). Se dit d'un organe composé d'une substance molle et charnue.

**Pyxide** (Gr. de *pyxidion*, petite boîte). 51

**Quadri.** S'emploie dans les composés latins et signifie quatre. *Quadrifolié*, à quatre feuilles. *Quadrilobé*, à quatre lobes, etc. *Tetra* en grec est synonyme de *quadri* en latin.

**Racine** (*radix*). 9

**Radical** (*radicalis*). Qui naît de la racine. 37

**Radicant** (*radicans*). Qui pousse des racines. 17

**Radicelle** (L. de *radicella*, très-petite racine). 11

**Radicule** (L. de *radicula*, petite racine). 11

**Radié** (L. de *radius*, rayon). Disposé en rayons qui partent d'un centre commun.

**Raméal** (L. de *ramus*, rameau). 37

**Rampant** (*repens*). 17

**Raphé** (Gr. de *raphê*, couture). 54

**Réceptacle** (*receptaculum*). On donne ce nom d'une manière très-générale à des organes qui en contiennent d'autres ou qui leur servent de point d'insertion.

**Régime** (*spadix*). S'emploie pour indiquer le mode d'inflorescence de la plupart des palmiers. Synonyme de *spadice*. 46

**Rhizome** (Gr. de *rhizôma*, ce qui a pris racine). 9

**Rosacé** (L. de *rosa*, rose). 43

**Rotacé** (L. de *rota*, roue). 43

**Sagitté** (L. de *sagitta*, flèche). En forme de flèche.

**Saillant** (*exsertus*, *proeminens*). Qui sort en dehors. Se dit des *étamines* et des *styles* quand ils sortent de la fleur.

**Samare** (*samara*). 51

**Séminal** (L. de *semen*, semence). 37

**Sépale** (*sepalum*). 41

**Sessile** (L. de *sessilis*, qui s'asseoit). 31

**Silicule** (L. de *silicula*, petite gousse). 50

**Silique** (L. de *siliqua*, gousse). 50

**Simple** (*simplex*). Un organe est dit *simple* en trois cas : 1° lorsqu'il n'est pas formé de pièces distinctes; 2° quand il ne se ramifie point; 3° lorsqu'il est composé de parties disposées sur un seul rang circulaire.

**Solitaire** (L. de *solitarius*, seul, séparé). Se dit de tous les organes qui ne sont associés à aucun autre semblable.

**Sorose** (Gr. de *sôros*, amas, monceau). 52

**Souche** (*caudex*). 16

**Spathe** (Gr. de *spathê*, spatule). 46

**Stigmate** (Gr. de *stizô*, je pique, je marque des points). 39

**Stomate** (Gr. de *stoma*, bouche). 9

**Strié** (L. de *stria*, petites côtes, cannelures). Marqué de sillons très-fins.

**Style** (Gr. de *stylos*, poinçon, fût de colonne). 39

**Subulé** (L. de *subula*, alène). Mince, en forme d'alène, se rétrécissant insensiblement depuis le milieu jusqu'au sommet.

**Supère** (L. de *superus*, qui est en haut). Se dit particulièrement de l'*ovaire*, lorsqu'il est libre dans l'intérieur de la fleur.

**Suture** (L. de *sutura*, couture).

19.

Impression longitudinale, plus ou moins marquée, indiquant comme la soudure de deux parties juxtaposées.

**Sycone** (Gr. de *sicon*, figue).   52

**Tégument** (L. de *tegumentum*, couverture). Organe qui en recouvre d'autres ; tels sont le *testa* et le *tegmen* dans la graine.

**Terminal** (*terminalis*). Se dit d'un organe quelconque qui naît au sommet d'un autre.

**Terné** (L. de *ternus*, triple). Désigne les parties rapprochées trois à trois comme les feuilles du *Trèfle*.

**Thyrse** (Gr. de *thyrsos*, javelot entouré de pampre et de lierre).   46

**Tige** (*caulis*).   15

**Tigelle** (*tigella*). Partie de la plumule qui unit la radicule aux cotylédons. Employé quelquefois comme synonyme de *plumule*.

**Tissu** (*contextus*). On a donné le nom de tissu à toutes les parties qui composent les végétaux.

**Trachée** (Gr. de *trachus*, rude, épais).   8

**Trilobé** (Gr. de *treis*, trois, et *lobos*, lobe). Partagé en trois lobes. *Trifolié*, *trifloré*, qui porte trois feuilles, trois fleurs ; *tripenné*, trois fois ailé; *trivalve*, à trois valves, etc.

**Tube** (L. de *tubus*, tuyau). Organe cylindrique et creux, comme la partie inférieure des corolles *monopétales*.

**Tubercule** (*tuberculum*). Excroissance qui vient sur diverses parties des plantes. Espèce de bourgeon entouré de fécule, comme la *Pomme de terre*.

**Tubéreux** (L. de *tuberosus*, portant des bosses). Se dit des racines épaisses et charnues, comme la *Pomme de terre*, l'*Anémone des bois*. Souvent synonyme de *tuberculeux*.

**Tunique** (*tunica*). Membrane qui enveloppe, et dont l'épaisseur varie.

**Type** (Gr. de *typos*, marque, empreinte). Point comparatif pour certains objets analogues. Le type d'une famille est un genre bien connu, bien caractérisé.

**Uniflore** (L. de *unus*, *a*, un, e, et *flos*, fleur). Qui ne porte qu'une fleur. Se dit du *pédoncule*, de l'*involucre*, etc. *Unilabié*, à une lèvre, *unilatéral*, disposé d'un seul côté, *unilobé*, à un lobe, etc.

**Uniloculaire** (L. de *unum*, une, et *loculamentum*, loge). Qui n'a qu'une seule loge. Se dit surtout du *péricarpe*, de l'*ovaire*, de l'*anthère*.

**Unisexuel** (L. de *unus*, un, et *sexus*, sexe). Se dit d'un végétal qui ne porte que des fleurs *mâles* ou des fleurs *femelles*. — D'une fleur qui en fait d'organes sexuels ne renferme que des étamines et prend le nom de fleur *mâle*.— D'une fleur qui ne contient que des pistils et prend le nom de fleur *femelle*.

**Utriculé** (L. de *utriculus*, petite outre). En forme de petite outre.

**Vaisseau** (*vas*).   7

**Valves** (L. de *valvæ*, panneaux de porte). On nomme valves les pièces des fruits. Tantôt une seule constitue le péricarpe, comme la *follicule ;* d'autres fois il en existe deux ou plusieurs.

**Vasculaire** (*vascularis*). Qui contient des vaisseaux, — qui en est formé.

**Véhicule** (L. de *vehere*, porter, charrier). Qui sert à porter.

**Verticille** (L. de *vertere*, tourner). Groupe circulaire, ou disposé en cercle autour d'un axe.— Mode d'inflorescence.— Assemblage de feuilles, de rameaux, affectant cette disposition circulaire.

**Vrilles ou Cirrhes** (L. de *cirrhi*, boucles).   38

**Xylolithe** (Gr. de *xylon*, bois, et *lithos*, pierre). En botanique comme en géologie, on donne ce nom à tous les bois fossiles.

**Zone** (L. de *zona*, ceinture). Bande circulaire différente de la surface qui la porte.

# INDEX.

**FIN.**

# TABLE DES MATIÈRES.

FIN DE LA TABLE.